技工院校建筑类专业教材

职业院校建筑类专业教材

JIGONG YUANXIAO JIANZHULEI ZHUANYE JIAOCAI

建筑装饰美术

ZHIYE YUANXIAO JIANZHULEI ZHUANYE JIAOCAI

林思源◎主编

中国劳动社会保障出版社

图书在版编目（CIP）数据

建筑装饰美术 / 林思源主编 . -- 北京 : 中国劳动社会保障出版社，2025. --（技工院校建筑类专业教材）（职业院校建筑类专业教材）. -- ISBN 978-7-5167-6654-5

Ⅰ. TU238

中国国家版本馆 CIP 数据核字第 2025BC8561 号

建筑装饰美术

JIANZHU ZHUANGSHI MEISHU

中国劳动社会保障出版社出版发行

（北京市惠新东街 1 号　邮政编码：100029）

*

三河市华骏印务包装有限公司印刷装订　　新华书店经销

787 毫米 ×1092 毫米　16 开本　9.75 印张　214 千字

2025 年 6 月第 1 版　　2025 年 6 月第 1 次印刷

定价：35.00 元

营销中心电话：400-606-6496

出版社网址：https://www.class.com.cn

https://jg.class.com.cn

近年来，我国建筑行业进入了新的发展阶段。基于对当前建筑行业技能型人才需求及职业院校教学实际的调研分析，我们组织开发了这套全国职业院校建筑类专业教材，分为“建筑施工”“建筑设备安装”“建筑装饰”和“工程造价”四个专业方向。教材的编审人员由教学经验丰富、实践能力强的一线骨干教师和来自企业的设计、施工人员组成。

在本次教材开发工作中，我们主要做了以下几方面工作：

第一，突出教材的实用性。在“适用、实用、够用”的原则下，根据建筑行业相关企业的工作实际和相关院校的教学需要安排教材结构和内容，设计了大量来源于生产、生活实际的案例、例题、练习题和技能训练，引导学生运用所学知识分析和解决实际问题，教材体系合理、完善，贴近岗位实际与教学实际。

第二，突出教材的先进性。根据当前建筑行业对岗位知识与技能的实际需求设计教学内容，贯彻新标准。例如，在相关教材中全面贯彻《混凝土结构施工图平面整体表示方法制图规则和构造详图（现浇混凝土框架、剪力墙、梁、板）》（22G101—1）和《建设用砂》（GB/T 14684—2022）等最新图集和国家标准，《建筑 CAD》以新版的 AutoCAD 软件作为教学软件载体等。此外，新材料、新设备、新技术、新工艺在相关教材中也得到了体现。

第三，突出教材的易用性。充分保证教材的印刷质量，全部主教材均采用双色或四色印刷，图表丰富，营造出更加直观的认知环境；设置了“想一想”和“知识拓展”等栏目，引导学生自主学习；教材配套开发了习题册参考答案和电子课件，可登录技工教育网（https://jg.class.com.cn）在相应的书目下载。

本套教材在编写过程中，得到了智能制造与智能装备类技工教育和职业培训教学指导委员会及一批职业院校的大力支持，教材的编审人员做了大量的工作，在此，我们表示诚挚的谢意！同时，恳切希望用书单位和广大读者对教材提出宝贵意见和建议。

编者

本教材第一章介绍了素描的工具与材料、透视、构图、结构素描、明暗素描、速写技法及素描、速写与建筑的关系，第二章介绍了色彩的基础知识、色彩的心理表现、色彩搭配方法与技巧，第三章介绍了构成形式与规律、骨格与单元构建、建筑装饰材料与肌理应用，第四章介绍了立体空间形态、立体构成制作、现代建筑构成艺术应用。本教材配有习题册和电子课件，习题册供学生课后练习使用，帮助学生巩固所学内容，习题册参考答案和电子课件可登录技工教育网（https://jg.class.com.cn）在相应的书目下载。

本教材由林思源任主编，叶晓燕、罗菊平任副主编，陆妍君、李奕华、邹静、钟玲、邝耀明参加编写。

目录 CONTENTS

第一章　素描与速写 /1

第一节　工具与材料 /2
第二节　透视 /8
第三节　构图 /14
第四节　结构素描 /18
第五节　明暗素描 /22
第六节　速写技法 /30
第七节　素描、速写与建筑的关系 /47

第二章　色彩表达 /51

第一节　色彩的基础知识 /51
第二节　色彩的心理表现 /60
第三节　色彩搭配方法与技巧 /71

第三章　平面构成 /89

第一节　构成形式与规律 /89
第二节　骨格与单元构建 /98
第三节　建筑装饰材料与肌理应用 /111

第四章　立体构成 /121

第一节　立体空间形态 /121
第二节　立体构成制作 /129
第三节　现代建筑构成艺术应用 /143

第一章 素描与速写

学习目标

熟悉素描与速写的工具与材料；了解透视原理，能分析物体和风景的透视变化；掌握构图规律，能分析表现写生的明暗规律；掌握结构的几何规律，能表现物体的构造；掌握常用线条的速写用笔及其特点，能熟练表现速写对象；了解平视、仰视、俯视等建筑表现常用观察方式的透视原理；掌握写生、默写、临写等学习速写的常用方法，能够表现建筑主体、水体、山石、山体，以及室内局部装饰、绿化、人物等。

素描与速写都是艺术专业基础的重要组成部分，二者在工具运用和绘画技巧上既有共同之处，又各具特色。具体来说，素描更注重精确地描绘物体的形态，以及精巧展现黑白灰的层次和光影效果，速写则更强调迅速捕捉物体的特征和快速表达创新的构思。

素描被视为专业绘画的基石，是所有造型艺术（如绘画、建筑、雕塑等）基础训练的重要组成部分。它运用单一色彩描绘明度的变化。本书探讨的素描主要集中于美术技巧的学习、造型规律的探索以及专业习惯的培养。学习素描，实质上是一个探寻和挖掘审美艺术元素及美的过程，应从艺术美的视角审视对象，感受其形态、空间、节奏与秩序的美感，并灵活运用点、线、面及黑、白、灰等元素，精确呈现对象，表达创作者对光影、明暗、立体与空间的细腻感受。

速写作为记录事物初步印象的方式，要求创作者简洁、概括地快速描绘对象。它主要有收集素材和训练造型两大功能，能有效提升创作者的手眼协调、观察和概括能力。速写不仅是美术的基本功，也是设计的一种表达手段，有助于完善构思。在建筑装饰领域，速写更是积累设计灵感的关键，能培养创作者快速表达设计意图的能力，为专业学习奠定坚实基础。

第一节 工具与材料

一、笔类

素描与速写的笔类工具种类繁多，包括铅笔、炭笔、钢笔、针管笔、美工笔、马克笔、粉笔和毛笔等。这些丰富的选择不仅直接影响了素描和速写的风格与构图，更能激发创作者的创作灵感和技巧。创作者往往会根据所追求的艺术效果，精心挑选最适合的工具。例如，毛笔能以其独特的笔触创造出精美的线条和墨色变化；铅笔和粉笔则能精准地勾勒出明晰的线条，展现出细腻的层次感；炭笔因其灵活多变的特性而适合多种绘画需求，从粗犷的涂鸦到精致的细节描绘都能得心应手。

在作品尺寸的选择上，不同工具有着各自的适用性。大尺寸的作品更适合使用炭笔绘制，因为它能给予创作者充足的时间和空间仔细研究、分析轮廓、照应等细节，从而打造出更加生动的画面。相反，铅笔更常用于小尺寸作品，因其便于携带且能精准控制线条，而大尺寸的铅笔画则相对少见。钢笔以其笔触的精确性著称，更多地被应用于插画等需要精细描绘的小尺寸作品中。

素描与速写以其单色表达的特点，赋予了工具选择极大的灵活性。创作者可以根据创作需求，综合使用多种工具，从而创造出丰富多样的画面效果。这种多样性不仅为素描与速写提供了广阔的创作空间，也让每一位创作者都能找到最适合自己的表达方式。

1. 铅笔

各种型号的铅笔从8B到6H，每一种都有其独特的用途。铅笔型号（如2B、8B、6H等）中的字母和数字具有特定意义，如图1-1-1所示：H代表硬度，B则代表软度；H前面的数字越大，铅笔越硬，B前面的数字越大，铅笔越软。在绘画过程中，创作者常常会选择2B铅笔起形，选择8B铅笔铺设大的色调关系。

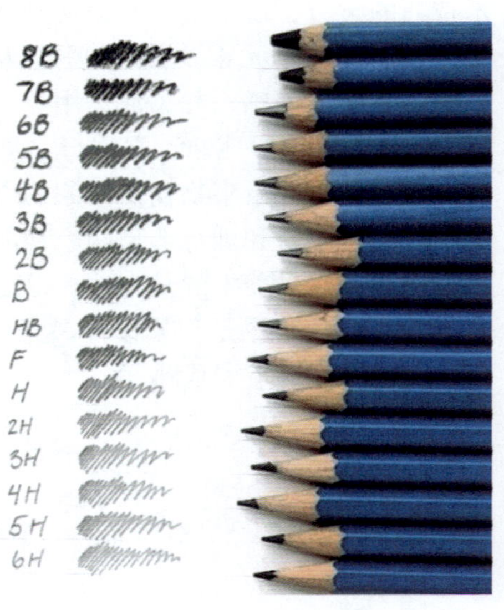

图1-1-1　不同软硬程度的铅笔

当使用软铅铺设大的色调关系时，它能够迅速而轻松地拉开亮部和暗部的色调差异，营造出整体的色调氛围。这种铅笔特别适合描绘深色及暗部区域。然而，需要注意的是，软铅的笔灰附着力相对较弱，容易使画面变脏。硬铅在处理画面的肌理、勾勒多变的线条，以及表现亮部的微妙变化时，有其独特

的优势，这是软铅难以达到的。但使用硬铅时需要控制力度，用力过度可能会损伤纸面，从而影响画面的整体效果。在素描中，如果单独使用软铅，可能会使暗部显得过于沉闷、油腻；而单独使用硬铅，则深色调难以达到预期的暗度。若重复使用硬铅过多，也容易使画面显得油腻并可能损伤纸面。因此，将两者结合使用可以最大化地发挥它们各自的优点，避免各自的缺点。在实际绘画中，创作者通常先用软铅铺设底色并画出深色部分，然后再用硬铅深入刻画和描绘浅色部分，这样遵循了先软后硬的绘画顺序。如果颠倒了这个顺序，软铅将难以在硬铅已经多次画过的地方深入刻画。此外，绘画时的天气条件也会影响铅笔的使用效果。在阴雨天，纸张较为柔软，更适合使用软铅进行绘画；而在晴天，纸张会变得硬挺，这时使用 2B 铅笔就能画出很深的色调。

铅笔握法分横握和直握两种。画轮廓或其他长线时宜采用横握，并且根据画线的长短调整笔的位置，如图 1–1–2 所示。在进行一些精细刻画时，可如写字般握笔，即直握，如图 1–1–3 所示。

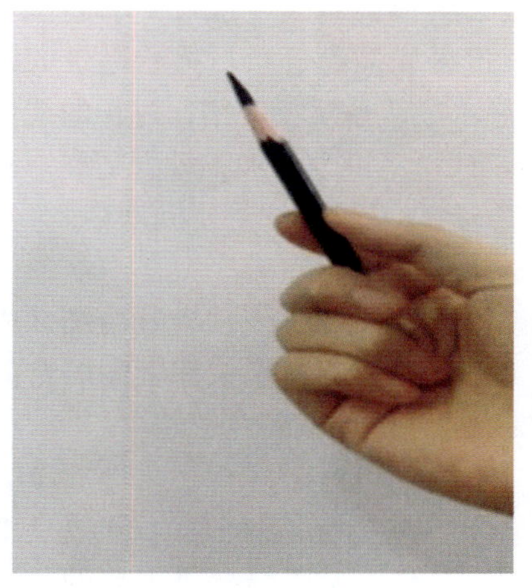

图 1–1–2　横握

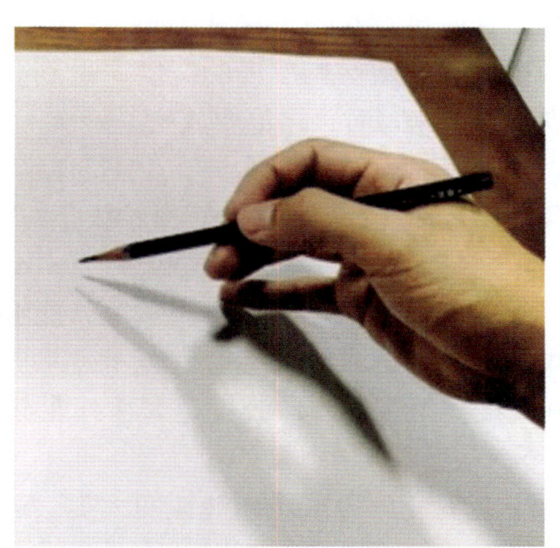

图 1–1–3　直握

2. 炭笔

炭笔在素描与速写中具有独特的魅力和强大的表现力。相较于铅笔，炭笔因其表面粗糙、不反光的特点，而更适用于勾画出富有力度感和具有丰富肌理的线条。这一特点使得炭笔在表现生涩的线条和创造多样化的肌理效果时具有显著优势，进而极大地提升了其艺术表现力。不过，炭笔在纸面上的附着力颇强，一旦笔触落下，便难以用橡皮彻底擦除，这也导致在使用炭笔作画时，修改画面会相对困难。炭笔的颜色以黑色和棕色为主，种类涵盖硬炭笔、中炭笔及软炭笔等。尽管炭笔与铅笔的使用方法有一定的相似性，但炭笔的控制技巧却更为复杂。因此，要想熟练掌握炭笔的运用技巧，创作者需要经过长期的实践和不断的探索。

炭笔颜色深沉厚重、粗细自如，有较强的表现力，是素描的理想工具，其选择如图 1–1–4 所示。但在同一作品中，炭笔和铅笔最好不要混用，两者的光滑度和黑白对比很难达到和谐的效果。

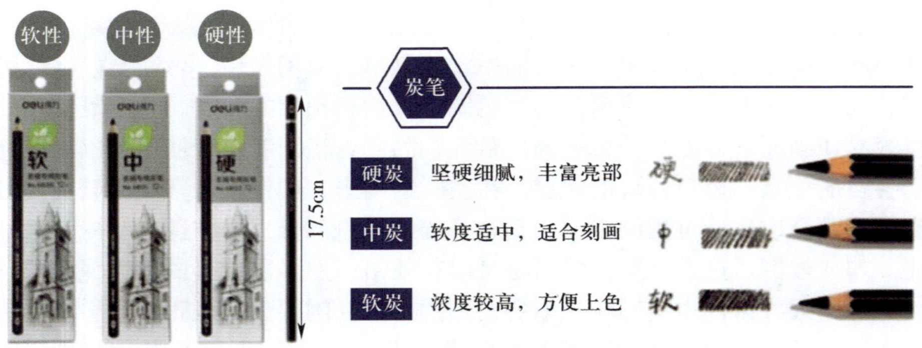

图 1-1-4　炭笔的选择

3. 钢笔、针管笔

钢笔和针管笔在建筑素描与速写中扮演着重要的角色。这些工具绘制出的线条流畅而富有弹性，能够通过线条的排列与叠加，营造出灵活多变、层次丰富的画面效果。然而，它们也存在一个显著的缺点：笔迹一旦形成，就很难修改。这就要求创作者在绘画过程中必须保持严谨的态度，做到心中有数，遵循先描绘近景再描绘远景的绘画原则。钢笔速写时，运笔要放松，一次一条线，切忌小段线条反复磨蹭；过长的线可断开，分段完成；宁可局部小弯，但整体走向要顺畅。针管笔可分为加墨针管笔和一次性针管笔，其针管管径大小决定所绘线条的宽窄，管径有 0.1 ~ 2.0 mm 等不同规格。

4. 美工笔

美工笔是一种特制的弯头钢笔，能够通过调整笔尖的角度，刻画出既精细又粗犷的线条，进而达到线面结合的艺术效果。在选择美工笔时，应特别关注笔尖的弯曲长度和角度。笔尖的弯曲长度越大，其能够表现的线条尺寸范围就越宽。

5. 马克笔

马克笔可分为水性和油性两大类，笔头设计多样，包括粗、细、方、圆以及斜方等各种形状，可以满足不同的绘画需求。在设计领域，马克笔因能提供丰富的色块与线条表现形式而备受青睐。其笔尖通常由塑料或毡制成，形状扁平，既能绘制精细的线条，又能挥洒出宽阔的笔触，种类繁多且使用便捷。马克笔的线条表现极为灵活，可粗可细，更可与钢笔等其他绘画工具结合使用，创造出更为丰富的艺术效果。马克笔在运笔过程中，通过控制笔尖停顿的时间长短，还能产生独特的颜色堆积效果，为作品增添更多层次与变化。

6. 彩色铅笔

彩色铅笔是使用彩色颜料而非石墨制成的绘图铅笔，其核心材料由颜料与黏土黏合料混合而成，可选择的颜色极为丰富。彩色铅笔可进一步划分为水溶性彩色铅笔和不溶性彩色铅笔两大类。水溶性彩色铅笔也称为水彩色铅笔，其特色在于笔芯可溶于水。一旦笔芯与水接触，色彩会随之晕染开来，从而营造出如水彩画般透明的艺术效果。

二、纸张

素描与速写能使用的纸张种类繁多，只要纸面保持洁白并且克数达到或超过 180 g

的标准，诸如素描纸、卡纸、水彩画纸等各类纸张均可用于素描与速写。在我国，铅画纸、双面白卡纸和水彩画纸是常被选用的素描与速写用纸。铅画纸以其表面粗糙的颗粒感和松软的纸质特性，使得铅笔上色变得容易，因此特别适合于短期素描与速写作品的创作。而双面白卡纸则因其表面颗粒细腻且相对光滑，能够展现出丰富的色调层次。同时，由于其纸质坚实且硬挺，能够承受反复的修改与精细刻画，非常适合中、长期素描作业的绘制。水彩画纸以其表面独特的网状纹路，为创作者提供了创作特殊画面效果的可能性。

1. 素描纸

素描纸（见图 1–1–5）比一般的纸厚，触摸时能感受到致密而粗糙的纹路，用于素描与速写时能够达到较好的艺术效果。

素描纸的最大尺寸是全开，即 1 开，半开就是 2 开，然后是 4 开、8 开、16 开、32 开。在素描纸的包装上会有 140 g、160 g、180 g、200 g 等克重标识，素描纸的克重越高，厚度越厚。

在课堂练习时，教师通常会要求学生使用克重在 180 g 以上的素描纸，因为这种纸张经济实用。而建筑师则更倾向于选择克重较高且表面纹理独特的素描纸，以更好地展现建筑效果。

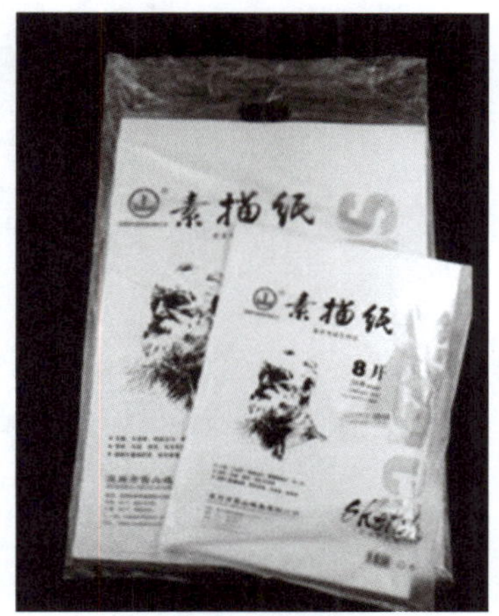

图 1–1–5　素描纸

2. 速写纸

（1）新闻纸

新闻纸表面较粗糙，吸水性强，广泛用于铅笔和炭笔速写，如图 1–1–6 所示。

（2）绘图纸、打印纸

绘图纸、打印纸表面光滑，沾水后不会起皱纹，适用于马克笔、钢笔速写以及淡彩渲染画法。打印纸如图 1–1–7 所示。

图 1–1–6　新闻纸

图 1–1–7　打印纸

（3）牛皮纸、卡纸

由于制造工艺不同，这些纸的表面肌理和颜色比较独特，结合彩色铅笔、马克笔和油画棒等进行综合表现，可使画面风格别致，富于个性，如图 1–1–8 和图 1–1–9 所示。

图 1–1–8　牛皮纸

图 1–1–9　卡纸

3. 其他纸张

（1）哑粉纸

哑粉纸的正式名称为无光铜版纸。与铜版纸相比，哑粉纸在日光下的反光能力较差。尽管使用哑粉纸印刷的图案色彩不如铜版纸鲜艳，但却能展现出更为细腻、高档的视觉效果。

（2）拷贝纸

拷贝纸属于高级文化工业用纸，其生产难度相对较高。这种纸张的技术特性主要表现在具有较高的物理强度、优良的均匀度和透明度，以及细腻、平整、光滑的表面性质，因此具有良好的适印性。

（3）道林纸

道林纸的正式名称为胶版印刷纸，也可简称为胶版纸。它是专门为胶版印刷而设计的纸张，同时也适用于凸版印刷。这种纸张非常适合印制单色或多色的书刊封面、正文、插页、画报、地图以及各类宣传材料等。

（4）铜版纸

铜版纸又称涂布印刷纸，是以原纸涂布白色涂料制成的高级印刷纸。

三、其他工具与材料

1. 橡皮

常用的橡皮主要包括白橡皮和可塑橡皮两种类型，它们的主要功能是清除绘画过程中的误笔。在这两种橡皮中，白橡皮的清除能力更为出色。对于同类型的橡皮而言，软质橡皮相较于硬质橡皮具有更好的清洁效果。此外，创作者可以利用刀具将白橡皮

切割出尖角，或者通过塑造可塑橡皮来形成尖角，以便于提亮画面中的高光部分和精细描绘小细节。可塑橡皮还能够吸收大面积过头的色调，调整色调不均匀的区域，使得色调的过渡更加自然流畅。使用橡皮以一定的力度擦拭灰色调子还可以实现局部灰色调子的加深效果。

2. 布

布的质地柔软且干燥，可用于轻轻掸去过深的色调，通过揉擦使深色调更加柔和并去除油腻感，同时也能丰富画面的层次。布还可以用来擦拭那些过硬、突兀或杂乱的铅笔痕迹，使之呈现虚化且柔和的效果。此外，布也可以用来擦拭灰色调，使其变深，并能产生多样化的艺术效果。在铺设完大的色调之后，用布再次擦拭，可以迅速使色调变深并更为丰富，从而拉开色调的差异，提升作画效率。有些创作者喜欢先用铅笔铺设一层色调，然后再用布擦拭，通过重复这两个步骤，快速地构建出画面的整体效果。在擦拭灰色调时，创作者可以通过调整擦拭的力度和持续时间，精确控制色调的变化。如果不慎出现色彩斑驳的现象，可以使用可塑橡皮和铅笔进行调整。另外，蘸有铅笔灰的擦布还可用于起草大幅画作和铺设大面积的深色调。

3. 画板、画架、画夹

画板、画架（见图 1-1-10）多在画室内使用。画夹（见图 1-1-11）主要为外出写生准备。素描或速写时，需要按教学要求选择素描工具，将纸张平整地固定在画板上。

图 1-1-10　画板、画架

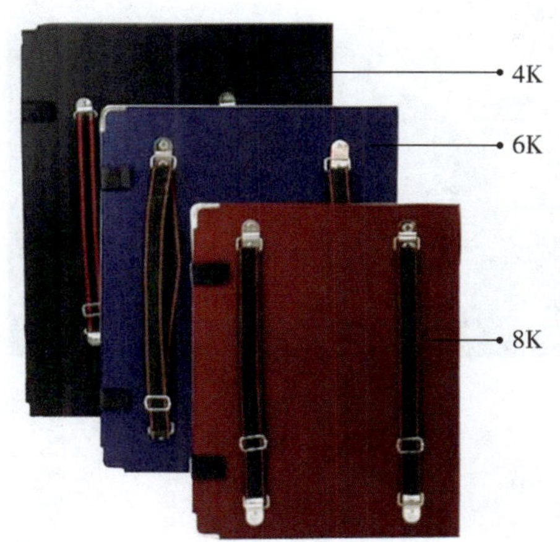

图 1-1-11　画夹

4. 尺规

尺规是室内外效果图绘制中不可或缺的工具，涵盖了圆规、界尺、丁字尺、三角板、曲线板以及设计模板（包含圆形、多种椭圆形和曲线形等）等众多工具。在建筑速写中，这些工具的使用频率相对较低，然而在效果图绘制过程中却经常使用，如用于绘制直线、曲线（包括各类抛物线）。尤其是绘制圆形时，常常需要借助各种模板。

第二节 透视

透视是一种因观察者视点移动而变化的视觉现象，其变化与视点的位置以及观察者与被观察物的距离息息相关。在现实生活中，当人移动时观察景物，视网膜上的景物形状会随移动而持续变化，这使得准确描述物体的固定形状变得困难。唯有当人停下脚步，眼睛固定朝一个方向凝视时，才能精确地描绘出特定位置的景物形状。此外，景物与人的距离也会影响人的视觉感知。通常，随着空间深度的增加，透视效果会愈发显著。同样大小的物体，因观察者与物体间的距离不同，会展现出不同的大小。这就是人们常说的“近大远小”的透视变化规律。

一、透视原理

透视原理在造型艺术中占据重要地位，它不仅是绘画基础技法的核心理论，更是指导创作者在绘画过程中正确观察、理解和表现物象的科学法则之一，如图 1-2-1 所示。透视原理中存在一些基本的、共通的视觉规律，这些规律对于写实绘画和设计制图而言是必须熟练掌握的。

图 1-2-1 透视原理

1. 近大远小

大小相同的物体，其视觉大小会随着与视点（即眼睛）的距离变化而改变：物

体离视点越近，看起来就越大；相反，物体离视点越远，看起来就越小。古人所说的“一叶障目，不见泰山”便是对这一现象的形象描述。

2. 近高远低

近高远低是指在视平线的基准下，若物体位于视平线上方，同样的物体近处的看起来比远处的显得更高大。例如，远处的高山在视觉上可能不如近处的楼房显得高大，这正是透视效果导致的视觉差异，体现了“近高远低”的透视原理。

3. 近实远虚

当物体与视点的距离较近时，它会在视网膜上形成相对较大的影像。这是因为近距离的物体能够刺激更多的感光细胞，不仅刺激的面积广泛，而且受刺激的细胞数量也众多，进而使得人观察到的影像更为清晰。此外，物体的明暗变化以及表面的光洁程度也会对人感知物体的清晰度产生影响。对于画家和设计师而言，他们需要深入研究并利用物体的清晰与模糊之间的对比，结合其他透视规律，巧妙地塑造出画面的远近空间感。

4. 近宽远窄

近宽远窄是指物体在视觉上随着距离的增加，其宽度显得越来越窄的现象。例如，站在两条平行线的始端看向远方，会发现平行线变得越来越窄，最终变成一个点。

二、透视基本类型

透视的变化主要由视平线、视角决定，分为一点透视（平行透视）、二点透视（成角透视）、三点透视三种。

1. 一点透视（平行透视）

一点透视也称为平行透视，指的是当正方体的六个面与画面平行或与地面平行时，所有与画面垂直的边线都要消失为一点，即消失点。一点透视时，空间中的所有物体都会根据消失点进行相应的透视变化。

以方体为例：在图 1–2–2a 中，由于消失点位于物体的内侧，因此仅能观察到一个面；而在图 1–2–2b 中，消失点位于物体的外侧，此时能够观察到物体的两个面；对于图 1–2–2c，其消失点处于物体的上角位置，进而可以观察到物体的三个面；再看图 1–2–2d，虽然其消失点也在物体的内侧，但由于物体的正面设计为空缺，因此可以观察到物体的内部结构。正是通过这种层层递进的空间深远感，观察者有机会观察到物体的更多面，这种表现手法也是透视技法中最为常用的。

一点透视以其较强的客观性为特点，详细阐述了一个面与画面相平行的透视关系。当物体与画面平行放置时，这种方法能够将物体在空间中的形变控制在最低限度。

一点透视画法在绘画写生和艺术创作中对凸显作品主题具有不可或缺的作用，具体表现如下：

（1）它包含一组水平的原线，这组线条为画面带来了一种平衡与稳定的感觉。

（2）画面中有一系列的直角变化，它们全部指向视域的中心点，这不仅集中了观察者的视觉焦点，还巧妙地引导了他们的视线。

（3）一点透视中存在一个消失点，这个点自然而然地成了画面的视觉中心，使得主题形象更为突出，如图 1–2–3 所示。

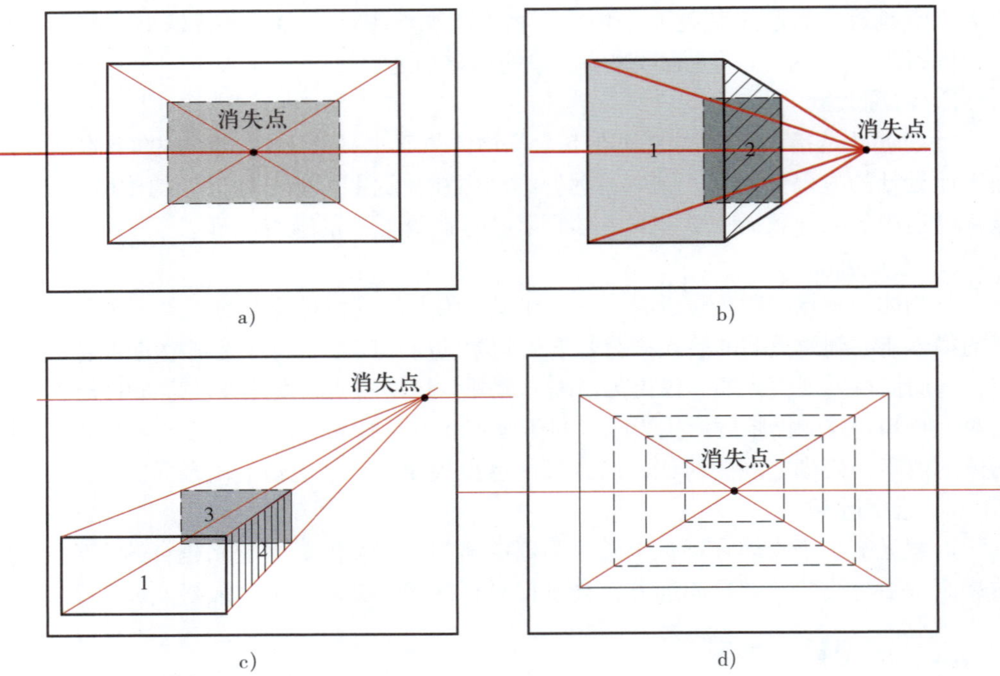

图 1-2-2　平行透视

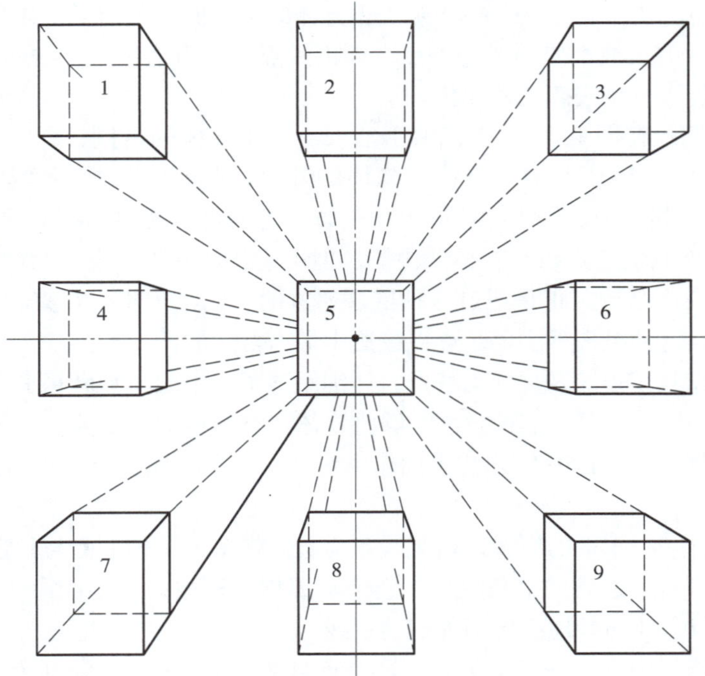

图 1-2-3　视觉中心

达·芬奇的经典作品《最后的晚餐》堪称一点透视的典范，如图 1–2–4 所示。在一点透视的原理中，只要物体有任一平面与画面维持平行状态，即被视为采用了一点透视。无论是宏伟的建筑物，还是日常的桌椅家具，抑或是汽车和轮船，都可以简化为一个或多个立方体进行透视分析。

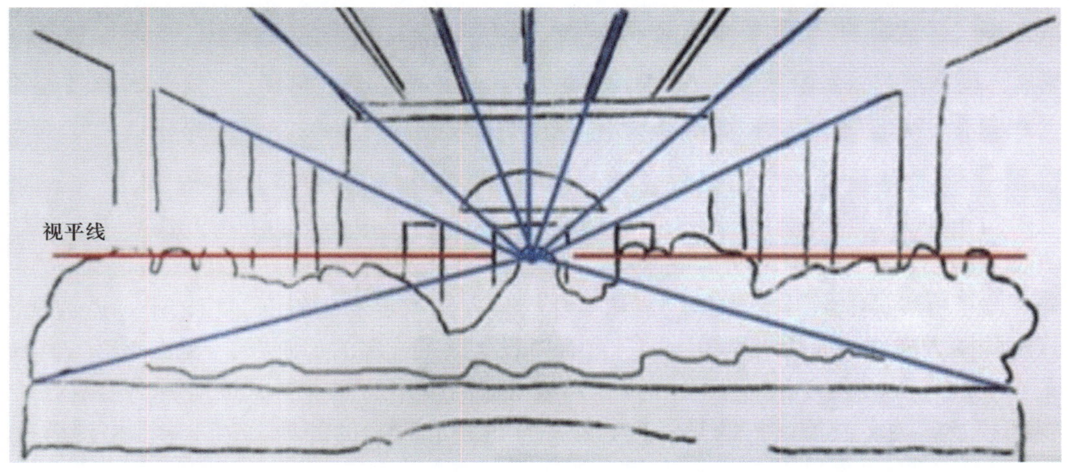

图 1–2–4 《最后的晚餐》（达·芬奇作）

2. 两点透视（成角透视）

两点透视也称为成角透视，即物体存在一组与画面平行的垂直线，而其他两组线则与画面形成特定的角度，每组有一个消失点，共有两个消失点，如图 1–2–5a 所示。

在两点透视中，当立方体被描绘在画面上时，若其四个面与画面形成一定的倾斜角度，那么向纵深延伸的平行直线将会产生两个消失点。值得注意的是，在这种透视情况下，与上下两个水平面垂直的平行线虽然长度会缩小，但并不会产生消失点。与一点透视中景物的纵深与视中线平行并最终消失于主点不同，两点透视中景物的纵深与视中线呈现出一定的角度，因此景物的纵深并不会平行于视中线，而是会消失于主点两侧的余点。建筑物的两点透视如图 1–2–5b、图 1–2–5c 所示。两点透视的变化有两点：

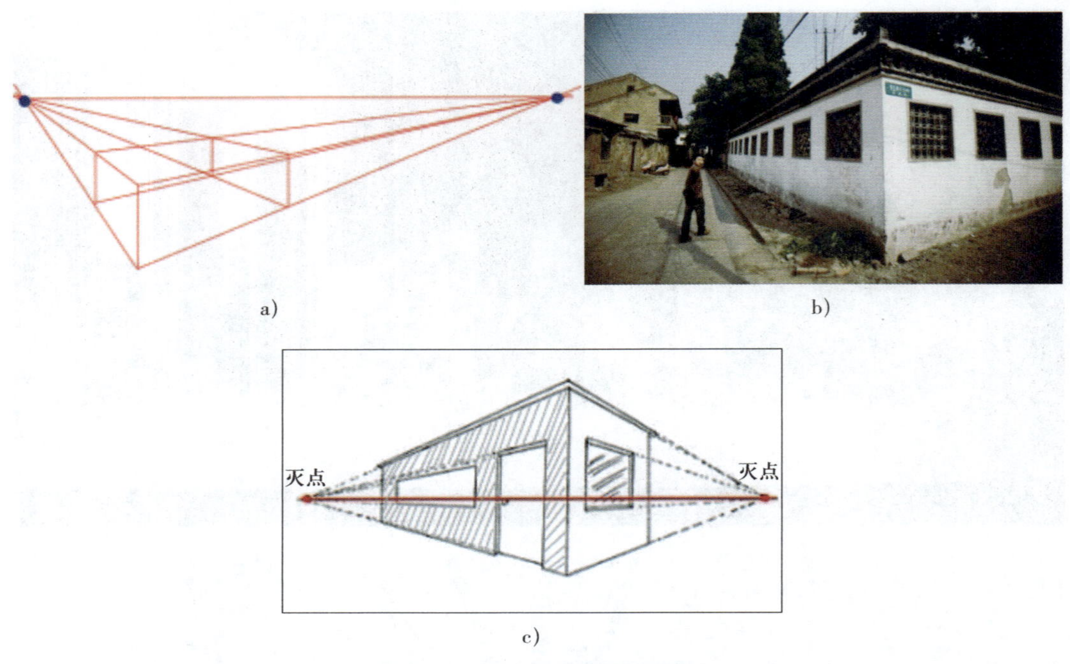

a)　b)　c)

图 1–2–5　两点透视（成角透视）

a）两点透视的原理　b）、c）建筑物的两点透视

（1）消失点偏离中心点。与一点透视中消失点位于中心点的平衡方式不同，消失点偏离中心点时，呈现出的是一种左右两侧消失点的平衡状态。

（2）在两点透视中，物体的成角变化会呈现出一定的倾斜度，相较于一点透视，这种构图方式的画面效果更为生动且富有新意。以王式廓的《血衣》（见图 1–2–6）和董希文的《开国大典》（见图 1–2–7）为例，这两幅作品都淋漓尽致地展现了两点透视的独特魅力。值得一提的是，这些作品在透视和光影的处理上，并未严格遵循西方写实绘画中的素描原则。特别是在《开国大典》中，为了适应并突出画面主题以及满足整体构图需求，创作者在画面的右侧巧妙地省略了一根柱子。这样的处理方式不仅更符合中国广大观众的审美习惯，同时也为作品增添了强烈的装饰性和抒情色彩。

3. 三点透视

三点透视也称为散点透视或移动视点透视，其核心理念在于通过移动观察点，突破单一视域的约束，采纳漫视的方式以及多视域的组合，从而将各类景物以自然、和谐的方式融入同一画面之中。三点透视能够全方位地展现空间跨度较大的景物，这构成了中国传统绘画的显著优势。

图 1–2–6 《血衣》(王式廓作)

图 1–2–7 《开国大典》(董希文作)

在这种透视方法中，观察者并非固定于某一位置，而是根据绘画需要灵活地移动观察点。从不同观察点捕获的景象，均可被巧妙地编排进画面之中。

在技术上，三点透视是在两点透视的基础上增加一个消失点发展而来。这个新增的消失点负责表达高度空间的透视效果，其位置位于水平线的上方或下方，如图 1–2–8 所示。若第三个消失点位于水平线上方，则象征着物体向高空延伸，呈现出观察者仰视物体的视觉效果，如图 1–2–9 所示。如果第三个消失点位于水平线下方，则表示物体向地心延伸，呈现出观察者俯视物体的视觉效果，如图 1–2–10 所示。

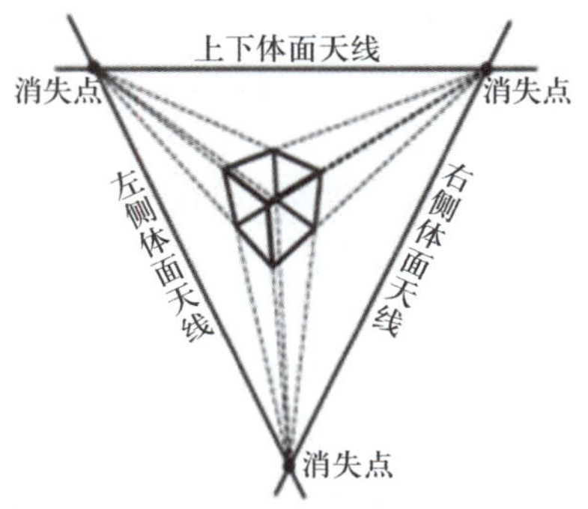

图 1–2–8　三点透视

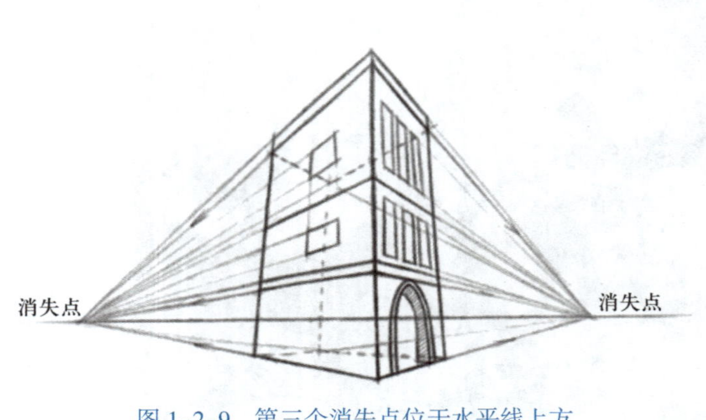

图 1-2-9　第三个消失点位于水平线上方

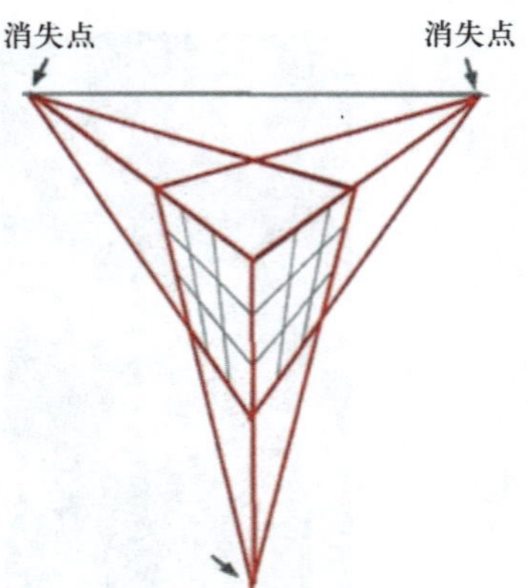

图 1-2-10　第三个消失点位于水平线下方

第三节　构图

构图在素描、速写以及摄影、绘画、设计等造型艺术中占据至关重要的地位。它指的是创作者在限定的空间或平面上，通过精心选择、有序安排和组织各种元素，从而构建出具有独特视觉效果的画面或图像的过程。这一过程的主要目的是表现作品的主题思想，并深入研究画面结构的形式美。

绘画作为一种视觉艺术，其本质在于通过精心设计的画面传达特定的视觉感受。创作者在创作时，必须深思熟虑其作品将在视觉上给予观众怎样的冲击和体验。构图作为绘画艺术的基石，与创作者的创作构思紧密相连，共同为作品搭建起坚实的框架并注入灵魂。

在构图的过程中，创作者需要熟练掌握并灵活运用一系列构图的基本原则，如平衡感、对称性、比例关系、重点突出、节奏感以及线条的运用等。这些原则不仅有助于提升画面的整体美感，更能通过巧妙的视觉对比和强调，进一步突出画面的主题并传递深刻的情感。特别值得一提的是，确定画面的中心是构图的首要任务，因为它直接关乎观众对画面的初步印象和理解。此外，构图的处理手法是否得当、是否富有新意且简洁明了，都直接影响着艺术作品的成败。因此，构图在造型艺术中的重要性不言而喻，它不仅体现了创作者的审美品位和技艺水平，更是其传递思想、情感和理念的关键桥梁。每一位创作者都应深刻理解构图的重要性，并不断提升自己的构图能力，以期通过更加精彩的画面与观众产生深刻的共鸣。

一、常用构图方式

构图方式的选择应根据具体的创作需求和主题来确定。常见的构图方式有三角形构图、S 形构图、水平线式构图等。

1. 三角形构图

采用三角形构图时，画面中的主体置于三角形中，这种三角形可以是正三角形、

斜三角形或倒三角形，其中斜三角形因其灵活性而较为常用。三角形构图属于最常见且稳定的构图方式，正三角形构图会显得较为空旷，而斜三角形构图则更具视觉冲击力，其整体形态类似于汉字“品”。采用这种构图方式，画面会显得稳定而主体突出，同时层次分明、错落有致。三角形构图特别适用于静物数量较少的组合，能够轻松实现良好的视觉效果，如图 1–3–1 所示。

图 1–3–1　三角形构图

2. S 形构图

S 形构图充分展现了曲线的独特美感，它优雅而充满活力，蕴含着丰富的韵味。通过有序的疏密安排，这种构图在元素的分散与聚集之间实现了画面的均衡。随着观察者的视线沿着 S 形路径向画面深处移动，这种构图方式能够有效地表现出场景的空间层次感和深度感，如图 1–3–2 所示。

图 1–3–2　S 形构图

3. 水平线式构图

水平线式构图能够赋予画面安定与平和的氛围，进而增强画面的稳定感。在这种构图中，物体应被置于画面的偏上或偏下位置。需注意的是，水平线式构图在纵向上展现的空间层次相对较少。为了丰富画面的视觉效果，创作者需巧妙地在形状、大小、高矮以及颜色等方面形成对比，并精心安排物体的位置，营造出具有深度的前后空间层次，如图 1–3–3 所示。

图 1-3-3　水平线式构图

二、构图原则

构图的基本原则讲究的是均衡与对称、变化与统一。

1. 均衡与对称

均衡与对称是构图中常被采用的原则。均衡作为一种等量但不等形的组合方式，通过非对称的布局给观众带来稳定的视觉感受。在素描或速写构图中，创作者可以利用重量和比例等因素实现均衡原则。对称原则展现了一种有序、有节奏的构图方式，它为人们带来宁静、稳定和统一的美感体验。

在素描或速写构图中，均衡与对称共同起到使画面保持稳定性的作用。这种稳定性是人类在长期观察自然过程中形成的一种视觉习惯和审美追求。因此，只有符合这种审美观念的造型艺术作品才能引发人们的美感共鸣。相反，违背这些原则的作品往往会让人感觉不和谐、不舒适。

图 1-3-4 所示为关于均衡与对称的三个构图案例：图 1-3-4a 中，所有静物均被放置在画面后方，导致前方空旷，整个画面构图显得不平衡；图 1-3-4b 中，静物被集中放置在画面的一侧，这种布局同样导致画面构图不平衡；图 1-3-4c 中，静物摆放则显得均衡，整个画面呈现出稳定的视觉效果。

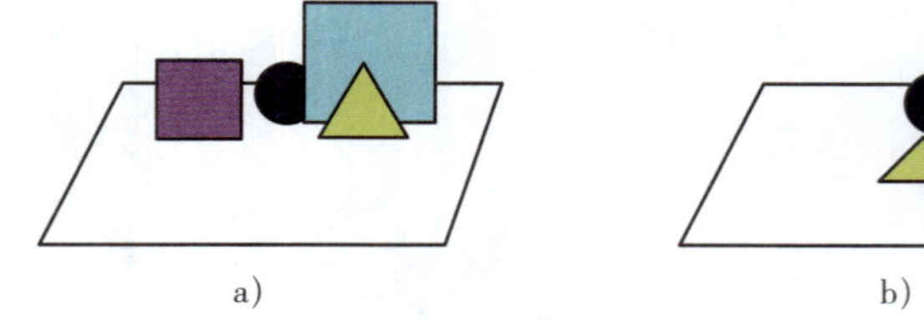

a)　　b)

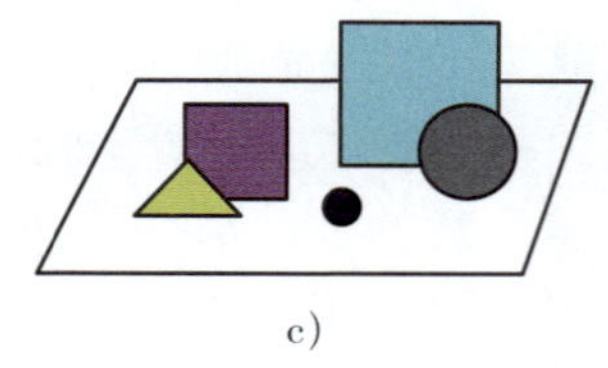

c)

图 1-3-4　关于均衡与对称的三个构图案例

需要明确的是，均衡与对称并不等同于平均分布，它们代表的是一种合乎逻辑的比例关系，如图 1-3-5 所示。虽然平均布局也能带来一定的稳定性，但由于缺乏变化，往往难以产生引人入胜的美感。因此，构图过程中应尽量避免画面的平均分配。类似的，对称构图具有极强的稳定感，能为画面增添庄严、肃穆与和谐的气质，然而，

与均衡相比，对称所能带来的变化相对较少。因此，尽管对称是构图中的一个重要原则，但在实际创作中并不常使用。过度依赖对称构图可能会使作品显得单调乏味，缺乏创意和新颖性。

图 1–3–5 均衡与对称代表的是一种合乎逻辑的比例关系

2. 变化与统一

变化是指由不同元素相互融合所产生的对比性效果。在造型艺术中，结构、形体、明暗等方面的多样性和冲突性，共同形成了所谓的变化。这种变化通常带来动态感和对比效果，为观众提供新颖、强烈且多样的视觉感受。但需注意，过度的变化可能会使画面显得混乱，从而损害其原有的审美价值。

统一则是指在构图过程中，借助各部分中相同或类似的元素，将多样化的局部有机地整合成一个整体。统一的实质在于调和各部分之间的关系，以达到和谐共生的效果。统一常常带来静态的感受，为观众营造稳定、有序的视觉体验。然而，若统一过度，作品可能会显得过于单调，反而失去了美感。

在构图艺术中，变化与统一呈现出一种既对立又相互依赖的辩证关系。优秀的构图往往巧妙地结合了变化与统一两个要素，在统一中寻求变化，或在变化中实现统一，从而构成一个和谐而有机的整体。

图 1–3–6 所示为关于变化与统一的三个构图案例：图 1–3–6a 中，静物的摆放显得单调乏味；图 1–3–6b 中，静物虽然摆放多样，但整体给人以杂乱无章的感觉；而在图 1–3–6c 中，左右两边达到了均衡，物体的聚集与分散处理得当，恰好符合变化与统一性相结合的原则。

a) b) c)

图 1–3–6 关于变化与统一的三个构图案例

第四节 结构素描

结构素描也被称为形体素描，是素描艺术中一种独特的表现形式。它主要以线条作为表现手段，不涉及明暗的渲染技巧，因此不包含光影的变幻元素。其核心理念在于凸显物体的结构特征，而非外在的质感或光影效果，通过线条的灵活应用，诸如穿插、叠加以及线条的疏密布局等手法，旨在深入揭示并理解物体内部的构造本质。在此过程中，精细的观察常常与精确的测量和逻辑推理紧密结合，同时，透视原理也始终贯穿于整个观察过程中，从而使得这种艺术表现手法更富有理性精神。结构素描能够穿透对象的光影、质感、体积和明暗等表层因素，深入探索并展现其内在的结构本质，如图 1–4–1 所示。

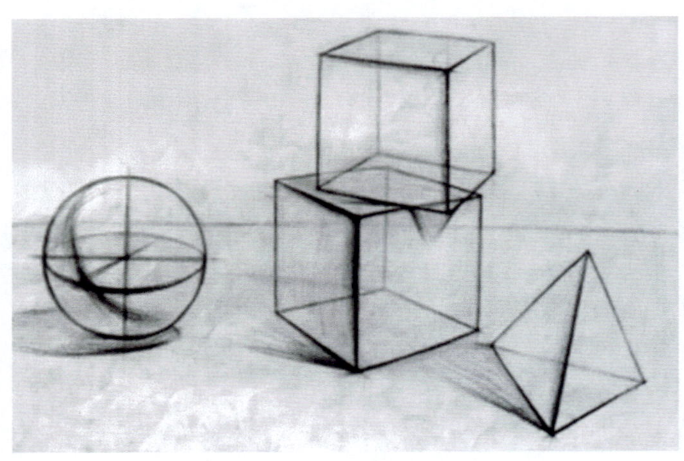

图 1–4–1　结构素描

结构素描旨在理解和剖析物体的结构，因此它倾向于采用简洁明快的线条作为主要的表现手法。在结构素描中，画面所展现的空间实际上映射了创作者对三维空间的理解深度，这就要求创作者具备较强的三维空间想象力。而此想象力的培养和运用，很大程度上有赖于逻辑推理能力的提升。在绘制结构素描时，创作者应将客观物体视作透明的，不仅要勾画出其外部轮廓，更要深入揭示其内部结构，从而全面表达物体前后、内外的关系。这一过程实际上是对三维空间想象力和把握能力的实战训练。此外，结构素描聚焦于物体的本质特征，这些特征需从具体形态中提炼和概括，以凸显物体的结构精髓。

结构素描是锤炼造型能力和设计思维能力的基石。学习结构素描的关键在于深入理解对象的结构，并精准地描绘出对象的形态。

研究结构素描并非目的，而是作为一种手段，帮助创作者更深入地理解和表现对象。结构素描并非简单地将物体转化为几何形状的堆砌，而是通过深入的结构剖析，更清晰地洞察对象的本质，从而做到胸有成竹，为更出色的对象表现

奠定坚实基础。对于设计学习者而言，重点在于如何精准地理解和表现物体，而对结构形态的深入理解和精确表现，无疑能够成为创作者实现设计构想的得力助手。

结构素描以线条为主导，准确、有力、优美的线条能够为画面注入生命力，丰富观众的视觉体验。

一、结构素描的两个基本要素

1. 体积意识

自然界中的所有物体均呈现出立体形态，它们共同具备高度、宽度及深度三个空间维度。然而，绘画作品本身是平面的，仅涵盖宽度与高度两个维度。鉴于此，如何在二维画面上精准地表现物体的三维体积，尤其是其深度感，无疑成为亟待解决的首要问题。为了攻克这一难题，创作者必须构建起体积与空间的概念框架，进而在绘画过程中有意识地营造出画面的纵深感。

2. 整体意识

物体的存在并不局限于人直观所见的表面现象。为了全面而深入地认识一个物体，需要对其进行详尽的探究。首要的是，每个物体都拥有独一无二的结构，且这些结构间的大小比例也各具特色。再者，物体在空间中占据着特定的体积，它与周遭环境的相互关系确定了它在空间中的具体位置和尺寸。另外，当从特定的视角审视物体时，会发现它们呈现出别具一格的形态变化。而在特定的光线条件下，物体又会形成和谐统一的明暗色调。这些要素共同融合成一个既统一又复杂的整体，从而使创作者能够更加全面、深入地理解和感知物体。

二、结构素描的观察方法

在结构素描的实践过程中，观察与理解是不可或缺的重要环节。首先，创作者需要对物体进行细致入微的观察，深入剖析其内在结构和各个组成部分，这要求创作者必须具备敏锐的观察力和深刻的理解力。此外，创作者还应特别关注物体在空间中的相互关系，通过精确细腻的描绘手法，使得画面能够呈现出鲜明的立体感。线条在结构素描中担任着主要描绘工具的重要角色，其作用举足轻重。创作者必须学会灵活而恰当地运用各种不同类型的线条，精准地表现物体的结构和空间关系，从而创作出既精确无误又充满艺术感染力的优秀作品。

1. 多角度观察

多角度观察在素描中对物体结构的表现具有至关重要的作用。由于创作者身处于三维空间之中，物体均以立体的、错综复杂的结构形态呈现在创作者眼前。传统的、仅从单一视点出发的观察方式，不仅会束缚创作者的思维，还可能妨碍创作者全面而深入地认识和感知物体。为了更为精确地描绘出物体的结构关系，创作者有必要从多个角度对物体的形态与结构进行审视。通过深入的分析与研究，创作者能够进一步加深对物体结构的理解，从而在素描中更为准确地呈现出物体的立体感以及复杂多变的结构关系。这种多角度的观察方式有助于创作者更全面地把握物体的形态，进而提升

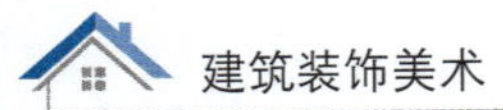

素描作品的表现力与真实感。

2. 由表及里观察

由表及里的观察方法是结构素描中另一个不可或缺的重要手段。由于物体内部的结构往往复杂且多变，仅凭对其表面的观察是远远不够的。传统的素描技巧（例如描绘物体的轮廓和光影效果）虽然能够生动地展现物体的外在形态，但却难以深入揭示其内部特征。因此，在观察物体时，创作者需要具备一种透视能力，即能够透过物体的表面看到其内部的构造，并对物体的内外联系进行深入的分析和理解。这要求创作者具备对物体结构类型的准确判断能力，无论是骨骼型结构还是积量型结构，都需要创作者有清晰而深刻的认识。最终，创作者将这些理性的分析与感性的认识相融合，并通过作品客观地呈现出来，从而使观众能够更加深入地领略到物体所蕴藏的内在美。

三、结构素描的作画要点

1. 形体归纳

大多数的几何体和静物结构相对简明，它们的外轮廓往往以长直线为主导。在绘画过程中，创作者首先要捕捉物体的整体印象，随后运用长直线精准地表现物体的长宽比例、大小比例以及前后关系等要素。形体归纳如图 1–4–2 所示。

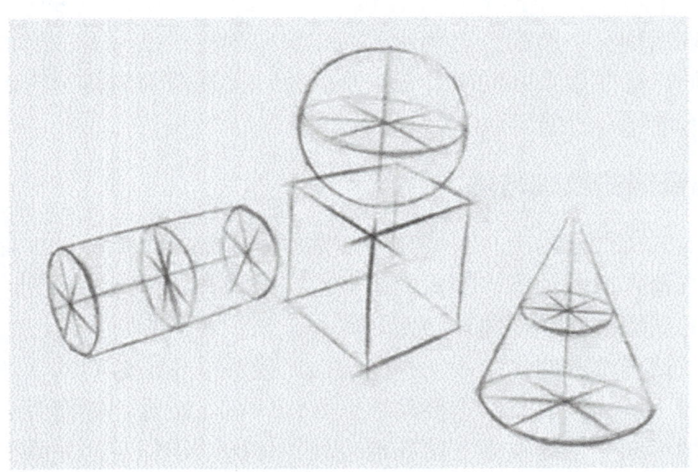

图 1–4–2　形体归纳

2. 找关键点

这种方法通常被称作“抓两头、带中间”。由于点往往位于形体的起始端和结束端，因此，只要能够准确地找到这些点，就能够有效地把握住形体的整体结构。点所包含的关键因素有两个：形体转折的起始位置和形体转折的结束位置。以球体为例，虽然其表面存在着无数个转折和点，但创作者可以依据物体最高和最低的转折点确定这些关键点的位置，从而简化球体的绘制过程。如果能够精确理解这些点的位置，即使面对再复杂的物体，也能将其简化并准确地描绘出来。找关键点如图 1–4–3 所示。

图 1-4-3　找关键点

3. 线条穿插

在确定了基本点之后，接下来的步骤便是利用线条将这些点进行有序的连接，从而能够清晰地描绘出物体的形体轮廓。需要注意的是，这里所提及的线条并非僵硬刻板、一成不变的，而是应该富有变化，相互穿插，形成有节奏感的“来龙去脉”。在进行线条穿插时，必须严格遵循物体形体结构的规律，以确保透视关系的正确性，避免出现诸如后面部分翻到前面、前面部分翻到后面的透视混乱现象。因此，创作者需要明确线条的前后关系、虚实关系以及空间关系，确保画面的整体和谐与统一。线条穿插如图 1-4-4 所示。

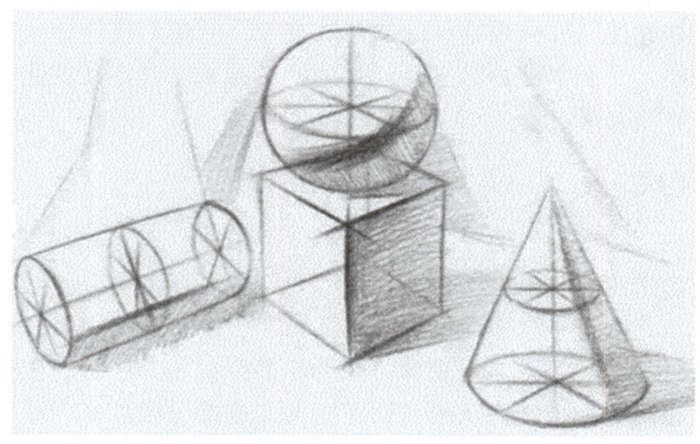

图 1-4-4　线条穿插

4. 线条表现

在结构素描中，线条占据着举足轻重的地位，它是最主要的艺术表现手段和表达方式。线条不仅具有塑造形体、展现体积与空间的功能，更能传递创作者的情感与意图，其表现力和概括力均十分强大。初学者在学习之初，首要任务是提升线条运用的熟练度，为此需进行大量的线条练习。通过反复的锤炼与实践，初学者可以达到熟能生巧的境界，自然而然地提升线条的质量。高质量的线条应当是有力的、轻松自如的，能够依据形体的变化而灵活地调整其松紧、虚实、粗细与深浅。在绘画过程中，创作者应力求在变化中保持整体的和谐，同时在整体中寻求细腻的变化，唯有如此，线条方能焕发出勃勃生机与动人的动感。线条表现如图 1–4–5 所示。

图 1–4–5　线条表现

第五节　明暗素描

明暗素描是素描的一种重要表现形式，其主要特点在于以明暗对比为主导，强调光影效果的呈现。通过巧妙处理物体的暗部与亮部，明暗素描能够生动地展现出物体的立体感和空间感。光照射在物体上所产生的明暗关系及其丰富变化，可以概括为两大部、三大面以及五大调子。

一、明暗关系

1. 两大部

两大部包括物体的明部和暗部。

2. 三大面

物体在受到光源照射后，会呈现出不同的明暗层次。其中，直接受光的部分被称为亮面，侧面受光的部分被称为灰面，而完全背光的部分则被称为暗面，这三者共同构成了物体的三大面。

立方体是所有形体的基础，掌握立方体明暗造型的规律是学习明暗造型素描的基础。立方体的体面转折清晰明了，当其以某个角度呈现，使人们能够同时观察到其三个面时，由于这三个面所受光线角度的差异，它们会展现出显著的明暗深浅变化。具体来说，直接受到光源照射的面最为明亮，被称为亮面；受到侧射光照射的面呈现出中等亮度，被称为灰面；而完全无法接受光线照射的面则最为暗淡，被称为暗面。这就是通常说的三大面，如图 1–5–1 所示。

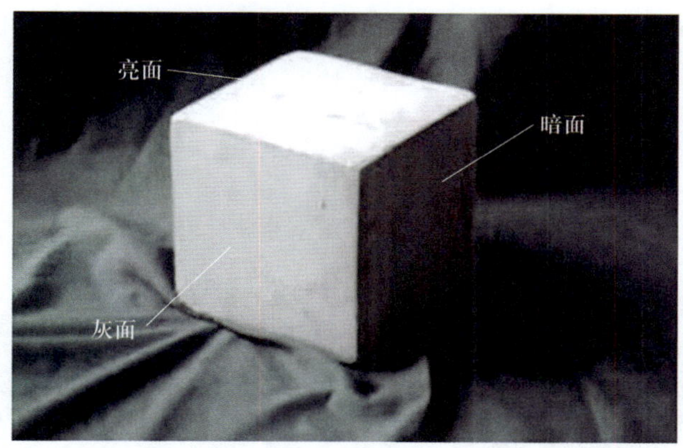

图 1–5–1　三大面

3. 五大调子

调子是指画面中由不同明度所形成的黑白层次，它反映了体面接受光的数量，也就是面的深浅程度。在三大面中，根据光照强度不同，可以进一步细分出五个调子。除了亮面对应的亮调，灰面对应的灰调，以及暗面对应的暗调，暗面还会因环境光的影响而出现反光。此外，灰面与暗面的交界处既不受光源直射，也不受反光影响，因此会形成一条特别暗的线，称为明暗交界线。综上所述，五大调子包括亮面、灰面、明暗交界线、反光以及投影，如图 1–5–2 所示。

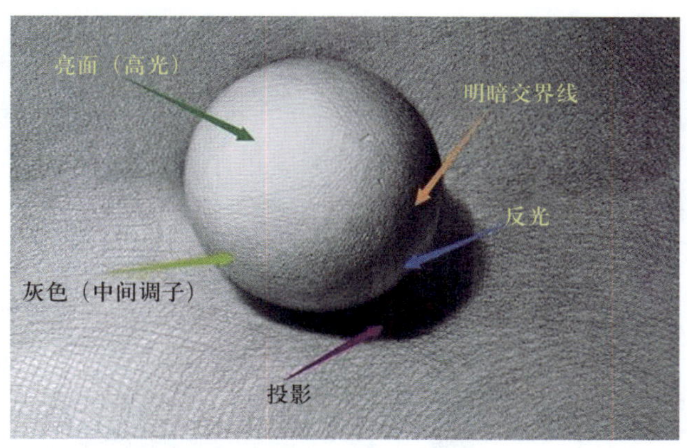

图 1–5–2　五大调子

明暗素描是以明暗调子为主要表现手段，侧重于展现光影效果、空间感、物体的质感，以及明暗与虚实等关系的素描形式。素描的表现技法虽然多种多样，但归纳起来，其基本的造型手段主要分为线条与明暗两种。在绘画实践中，创作者可以选择完全使用线条或者完全运用明暗调子来描绘对象。

明暗现象的产生，源于物体受到光线的照射，这是一种客观存在的物理现象。需要注意的是，光线并不能改变物体的形体结构。为了准确地表现一个物体的明暗调子并妥善处理其色调关系，首先需要对物体的形体结构有正确且深入的理解和认识。由于物体的形体、结构的透视会发生变化，加上物体表面各个面的朝向不同，光的反射量也会有所不同，因此形成了不同的色调。所以，在绘画过程中，创作者必须抓住构成物体体积的基本面的形态，即物体在受光后会出现的受光部和背光部两大部分，同时考虑到中间层次的灰色调，这也就是前面所提及的“三大面”，典型案例如图 1-5-3 所示。

图 1-5-3　风景素描 1（门采尔作）

物体表面结构的各种起伏变化导致物体的明暗层次也呈现出错综复杂的变化。这种变化并非无规律可循，可以将其归纳为“五大明暗层次”。这是指物体在受到光线照射后，在每一个显著的起伏上所产生的最基本的明暗层次变化。值得注意的是，任何明显的起伏在受光后所产生的明暗变化，都至少包含五个基本层次。这里所说的层次是针对物体本身的起伏而言，具体包括亮面、中间色、明暗交界线、暗面以及反光。其中，高光被包括在亮面之内，而五大明暗层次并不涵盖物体投影到其他地方的影子，典型案例如图 1-5-4 所示。

图 1-5-4　风景素描 2（门采尔作）

二、调子变化

明暗指的是物体在接受光线照射后形成的受光区域（即明部）和未被光线直接照射的背光区域（即暗部）。而调子则是指物体在光线照射下所表现出的各种明暗和深浅的层次变化。素描与速写中常提到的五大明暗层次也被称为五调子，具体如下：

1. 高光

高光并非在所有情形下都会出现，因此它并不被视为一个基本的明暗层次，而是被归入亮面的范畴中。在物体表面，高光可能以点状、线状甚至是面状的形式出现。当物体的某个面与光源方向垂直时，便会产生高光。高光的形成与物体的质感紧密相连，因此在绘画时需要特别谨慎处理。高光具有特定的形状，这一形状既受物体形态的影响，也与光源的形状有关。此外，高光还能反映出周围面的转折关系，从而与物体的体积感紧密相关。

2. 明暗交界线

作画时，首要任务是准确捕捉明暗交界线的位置和形状，以此区分物体的明暗两大面。这有助于创作者整体把握复杂的明暗变化，使画面调子达到统一。明暗交界线即物体受光部与背光部的交界线，实质上与轮廓线重合。虽然称之为“线”，但它其实是由明暗层次变化形成的各种不同大小的面。通常，明暗交界线既不受光源直接照射，也不受反射光影响，因此在五大明暗层次中，这部分受光最少，显得最暗。

3. 反光

反光在塑造物体空间感、营造环境氛围以及展现物体质感方面扮演着举足轻重的角色。倘若反光处理不当，暗面便会显得不够通透，从而影响暗部结构转折的清晰表达，进而削弱物体的立体感和空间深度。当物体暗面受到周边环境及其他受光物体的反射影响时，便会产生反光现象。需特别指出的是，通常情况下，反光的亮度不会超过物体直接受光部分的亮度。

4. 中间色

中间色亦被称作灰色，主要出现在物体受光线侧射的部分。这些部分既受到光线的斜向照射，也受到环境色的侧面反射作用，加之物体（特别是人物）的结构复杂且多变，使得中间色的层次变化显得异常精细、错综复杂且多彩。在物体上，这些灰色主要呈现在两大区域：首先是亮面与明暗交界线之间的过渡地带，其次是暗部内部。中间色的处理相当具有挑战性，一旦处理不当，便无法精准地展现其细腻变化，从而导致画面显得灰暗且杂乱无章。

5. 投影

投影应被视为暗部的一个组成部分，且与明暗交界线紧密相连。当物体在光线照射下，其影子投射到其他物体上时，便会产生投影，投影的起点正是明暗交界线。投影对于表现对象的暗部结构具有重要作用，并与画面的空间感紧密相关。在绘制投影时，需要注意其透视关系和明暗变化。通常，投影越靠近物体，其颜色越深，边缘轮廓也越清晰；相反，投影离物体越远，其颜色越浅，边缘也越模糊。掌握这一规律对于准确表现空间关系至关重要。此外，投影的形状会受到物体本身以及被投射物体的形体影响，尤其是当投影落在不平整的表面时，其形状会随之发生变化。值得一提的是，投影并非简单的黑色区域，过度使用黑色会使画面显得僵硬、不透明、缺乏空气感，从而影响整体的空间效果。因此，在描绘日光或灯光下的场景时，除了处理好受光面外，还需精细刻画暗面和投影，以使其显得透明且富有生命力，这样，画面才能呈现出强烈的光影对比和视觉效果，典型案例如图 1-5-5 所示。

图 1-5-5　风景素描 3（门采尔作）

三、明暗素描观察方法

1. 形体观察

在现实生活中，各种物体都有其独有的特征、形态、质地、重量以及所占空间。然而，通过细致观察和高度概括可以发现，物体基本上都可以归纳为方形和圆形这两种基本形状。因此，在观察任何物体时，都需要将其简化为最基本、最简洁的形状。在掌握了透视规律之后，便能够利用这些基本形状精准地表现那些看似复杂的形体。在形体观察的学习阶段，初学者通常能够很好地对物体的基本形状进行归纳和概括。

2. 形体结构

每个物体都拥有其独特的外形与内部结构。在绘画写生的实践中，创作者不仅要关注物体的外形变化，更要深入理解其内部结构。素描训练中，对物体结构的深刻理解显得尤为重要。一般来说，物体的内部结构关系是稳定不变的。环境光线的变化虽然会影响物体的明暗色调，但并不会改变物体本身的结构关系。

3. 形体比例

在写生过程中，确保比例关系的准确无误至关重要。为达成此目标，创作者在观察阶段应采用整体性的方法，包括整体观察、整体比较以及整体表现，从而避免陷入对细节的片面观察和描绘。确定比例关系的方法如下：首先，从整体视角出发，明确

大的全局比例关系，诸如确定画面的最高点与最低点、最左与最右的边界位置，以及画面中最大物体与最小物体之间的相对尺寸等。随后，逐步深入细节，确定各个局部的比例关系。关键在于，这些局部的比例关系必须与大局比例关系相协调。在绘画过程中，创作者应不断利用水平线、垂直线、斜线以及虚辅助线，在画面的各个方位进行反复的比较校正，确保比例的精确性。

4. 形体与明暗

形体造型确定之后，明暗光影便成为素描造型中不可或缺的表现要素。由于物体质地的不同，它们对光的吸收和反射能力也会有所差异，从而产生丰富多彩的明暗光影效果。同时，光照的角度和强度也为物体的明暗层次增添了更多变化。

尽管许多初学者对“三大面”和“五大调子”有所了解，但在实际写生过程中，往往难以真正掌握其精髓。其中，常见的问题主要有两个方面：一是灰面的层次表现不够，导致画面仅仅停留在简单的亮暗区分上，未能深入刻画亮灰、暗灰以及环境光和反光对物体产生的复杂影响；二是灰面处理得过于琐碎，而亮面和暗面的对比不够鲜明，使得整幅画作缺乏视觉焦点，呈现出一种“灰蒙蒙”的平淡效果。

为了克服这些问题，作画时必须不断对比和调整亮部、暗部以及中间的各个层次，既要在整体的框架内寻求细微的变化，又要在突出差异的同时保持画面的和谐统一。此外，投影的形状也会随着物体造型的改变而发生变化，且其暗度也会随着与物体的距离远近而有所调整，越靠近物体的部分暗度越大，反之则越小。

5. 质感、光感与空间感

精准地控制明暗反差、娴熟地掌握绘画技巧和灵活地运用笔法，对于真实展现物体的质感和光感具有举足轻重的作用。一般而言，光滑物体的明暗反差较为显著，同时受环境和反光的影响也更为突出；相反，粗糙物体的明暗反差则相对较小，更多地保留了物体的固有色，因此明暗之间的对比相对柔和。在笔法的选择上，描绘柔软物体时，应采用轻盈自然的笔触，而在刻画坚硬物体时，则需运用更为坚定有力的笔法。

在营造空间感时，首要的任务是明确画面的主体。绘画过程中，创作者要清晰地知道哪些部分需要细致刻画、强烈突出、具体展现，而哪些部分可以处理得较为模糊、简略。通常情况下，前景的物体应被描绘得更为清晰，而后景的物体则可以适度模糊处理。在强烈的光照下，明暗之间的对比会更为鲜明，这有助于凸显前景；而在柔和的光照下，明暗对比减弱，则会使物体呈现出更远的距离感。这种处理技巧可以简要概括为：亮面清晰、暗面模糊，前景清晰、后景模糊，中间清晰、边缘模糊，主体清晰、背景模糊。

明暗素描通过捕捉光影在物体表面产生的变化，表现丰富的明暗层次。明暗之间的对比是塑造物体立体感和空间感的关键手段。借助明暗素描，创作者能够立体地展现光线照射下物体的形体结构、各异的质感和亮度，以及物体的空间距离感。这种表现手法使画面形象更为具体生动，并创造出强烈的视觉冲击力。为了提升绘画技艺，创作者应深化对光影与黑白关系的认知，关注明暗变化的节奏感与规律性，并增强立体感和空间意识。在图 1–5–6 所示的案例中，创作者应积极主动地运用点、线、面和黑、白、灰等造型元素，有效地表现绘画对象，并传达出对物体的深刻感受。同时，创作者还应关注物体与背景之间的空间关系、形体的结构线和转折点，以及形体的起伏变化。

图 1–5–6　风景素描 4（门采尔作）

四、静物明暗素描技能训练

静物明暗素描技能训练的实物如图 1–5–7 所示，下面讲解具体素描过程。

1. 起稿开始

在此阶段，核心任务是处理画面的构图设计，以及确立物体的形体结构、比例尺度和透视关系，首要步骤是在纸上绘制出整体的构图框架，并初步标定各个物体的大致位置。待构图基本稳固之后，接下来的重点是分析和展现物体的形体结构，进而精确地描绘出物体间的比例关系以及它们在空间中的透视关系，如图 1–5–8 所示。

图 1–5–7　静物

图 1–5–8　起稿开始

2. 深入刻画

进入本阶段后，核心目标是处理形体塑造、明暗关系、空间感和质感呈现等问题。首要任务是进行物体形体的刻画，并在此过程中自然地引入明暗关系。操作时应从主体的关键部位入手，逐步深入、细致地对物体的体积感、空间深度、表面质感和明暗层次进行全方位的精细描绘与表现，如图 1-5-9 所示。

图 1-5-9　深入刻画

3. 调整结束

调整结束如图 1-5-10 所示。

图 1-5-10　调整结束

第六节 速写技法

建筑速写要求熟练掌握绘画的基本原理，这些原理涵盖站点观察、画面构图、线条表现、细部描绘和明暗色调等多个方面。在充分理解和把握这些原理的基础上，应结合建筑类专业的具体需求，运用艺术化的手法强调重点元素，并实现画面处理的风格化。

一、站点观察

站点是确定观察地点、观察方式和观察范围的关键因素。观察者与绘画平面的距离在一定程度上决定了被描绘对象的外观形态。假设被描绘对象的位置保持不变，且它与绘画平面的相对关系也未发生改变，那么任何一者的变动都会导致绘画平面的相应调整。如图 1-6-1 所示，它清晰地展示了站点与观测效果之间的关系。在正常站点进行观察时，地平线通常位于大约 2 m 高的位置，从而呈现出平视的视觉效果；而当观察者蹲下时，其视点随之下降，此时便能够观察到汽车的底盘和街灯杆的下部。由此可见，正常站点的观察效果为平视，而当视点下降时，透视效果也会随之发生相应的变化。

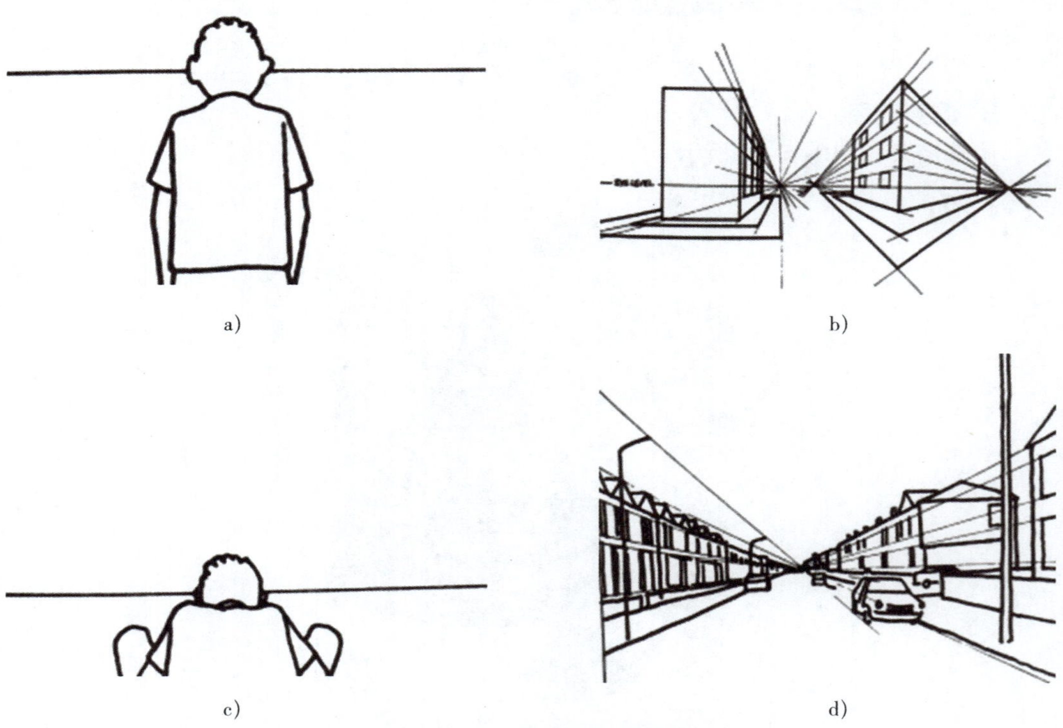

图 1-6-1 站点与观测效果之间的关系

a）正常站点 b）平视效果 c）视点下降 d）透视效果随着改变

确定观察地点后，接下来的关键是如何观察和如何运用视角。在建筑速写中，仰视、平视和俯视是常用的专业观察方式。图 1–6–2 展示了远眺、平视、整体俯视和局部俯视等多种观察方式。

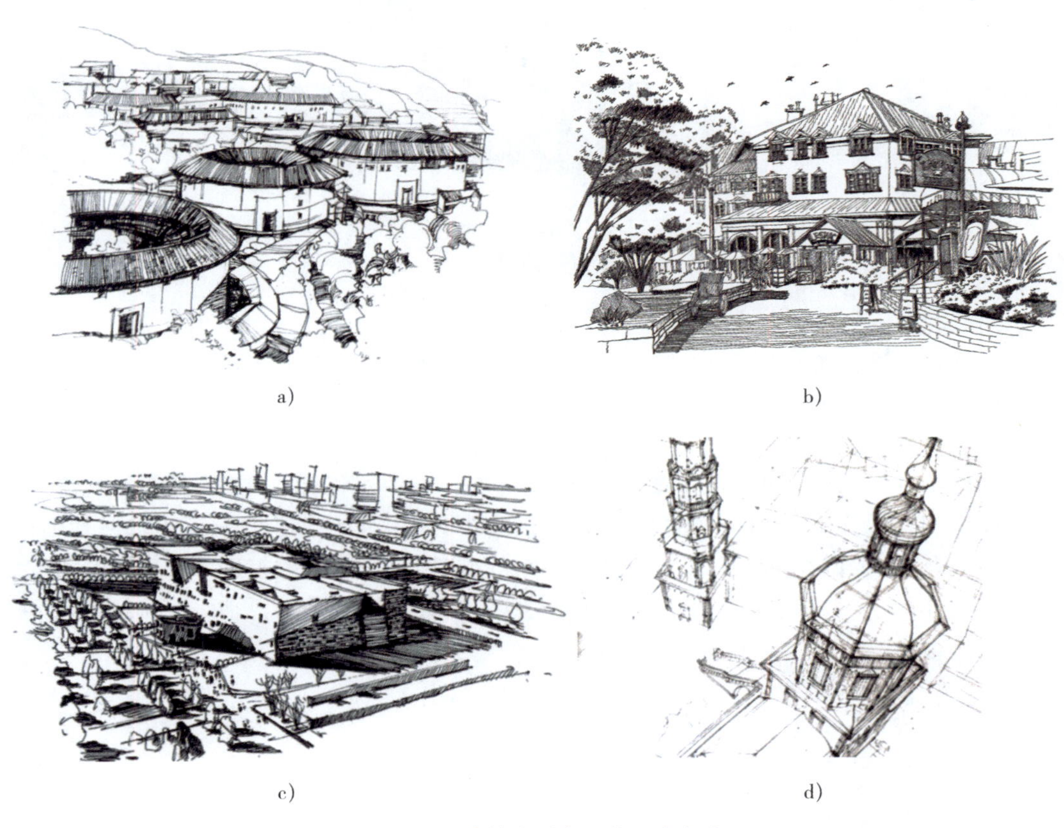

a)　b)　c)　d)

图 1–6–2　建筑速写常见的观察方式

a）远眺　b）平视　c）整体俯视　d）局部俯视

二、画面构图

建筑的构造形态千变万化，速写画面中融合了众多相互影响的元素，诸如明暗、高低、远近、虚实和大小等。将这些相互影响且对立的元素和谐地统一于画面中，是解决画面结构布局问题的关键。取景与构图的选择应经过深思熟虑，方可呈现在画面之上。

1. 主次

分清主次，关键在于明确画面的主体与背景。主体是画面表现的重点，应置于显眼位置，并通过拉开与背景的关系突显其重要性。对主体结构的刻画应细致入微，黑白对比要鲜明。相对而言，次要图形应简化处理，缩小尺寸，并减弱其在画面中的视觉冲击力。如图 1–6–3 所示，教堂和林间别墅作为主体，是画面的表现核心，因此画面的其他元素均进行了相应的简化处理。

a)

b)

图 1–6–3 主次

a）教堂 b）林间别墅

2. 均衡

均衡指的是画面中图形与图形之间、建筑与其他物象之间的相互呼应与交流，旨在实现画面的整体平衡。这种均衡可以分为对称式均衡和非对称式均衡两种形式。

（1）对称式均衡

人体和各种生物的形象都展现出一个共同特点，即对称性。在速写画面中，对称式均衡体现在画面形式和布局的对称性上，例如形象的外形和黑白的布局都达到了视觉量感的基本一致。当建筑结构呈现出对称特点时，会给人一种庄重和安定的感觉。如图 1–6–4 所示，神殿和会展中心通过对称设计实现了视觉上的平衡，进而达到了画面的整体均衡。

a)

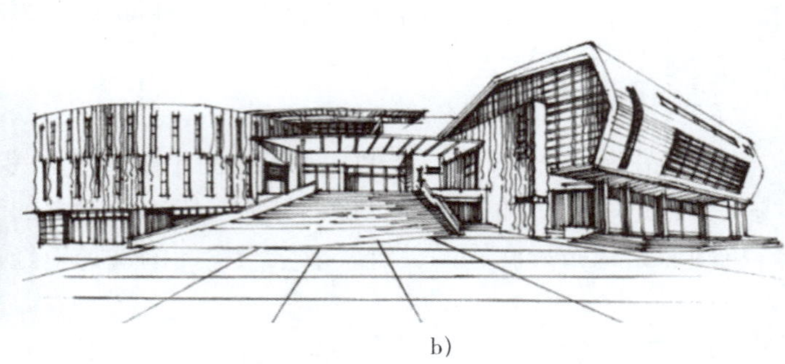

b)

图 1–6–4 对称式均衡

a）神殿 b）会展中心

（2）非对称式均衡

生动且多变是艺术表现的追求，其特点在于等量却不等形。也就是说，在视觉上保持量感的相等，但形态的大小和黑白的分布却不必相同。如图 1–6–5 所

示，歌剧院门厅的画面通过运用不同长度和方向的线条，巧妙地达到了均衡的视觉效果。

图 1–6–5　非对称式均衡（歌剧院门厅）

3. 稳定

确保重心的稳定性是展现建筑空间感的重要前提。无论是从人的生理需求还是心理感受出发，稳定性都是必不可少的。在绘画过程中，创作者需要综合考虑视平线、视角等多重因素，确保所表现的建筑承重结构竖直且稳固，从而保障整体结构的稳定性。如图 1–6–6 所示，车站建筑作为现代工业的代表性产物，其三角形构件的设计巧妙地营造了一种稳定而坚实的氛围。

图 1–6–6　车站建筑

三、线条表现

线条在速写艺术中具有举足轻重的地位，它是构成形体的基础元素。线条表现被视为一种高效且富有表现力的美术技法，在速写中应用广泛且充满生命力。无论是描绘人物还是其他对象，线条均可被用来精准地勾勒物体的边缘和轮廓。线条既可以独立运用，也可以起到辅助作用；它能够强有力地传达出鲜明的体积感、形式感、重量感和空间感，同时表达出作者的深厚情感。线条凭借其独特的抽象美，能够深刻地揭示出画面的主题。

然而，速写中线条的表现力并非一蹴而就，而是需要通过不断的实践练习逐步提升。这需要手与眼的紧密配合，手必须能够精确地表达出眼睛的所见。在这个过程中，创作者要熟练掌握线条的运用，用线条精准描绘物体的结构，随着物体外形的变化而灵活运笔。更重要的是培养正确的艺术观念，这不仅依赖于手的灵巧，更依赖于创作者的思维方式。向大师学习无疑是一条最好且最便捷的途径。以印象派大师德加为例，他在速写作品《舞女》（见图 1–6–7）中运用了大胆而有力的笔触和干净利落的线条，不仅精确地捕捉到了舞女的动态和优雅的体态，还通过线条的流畅与韵律，将舞女的情感和动作完美地融为一体。

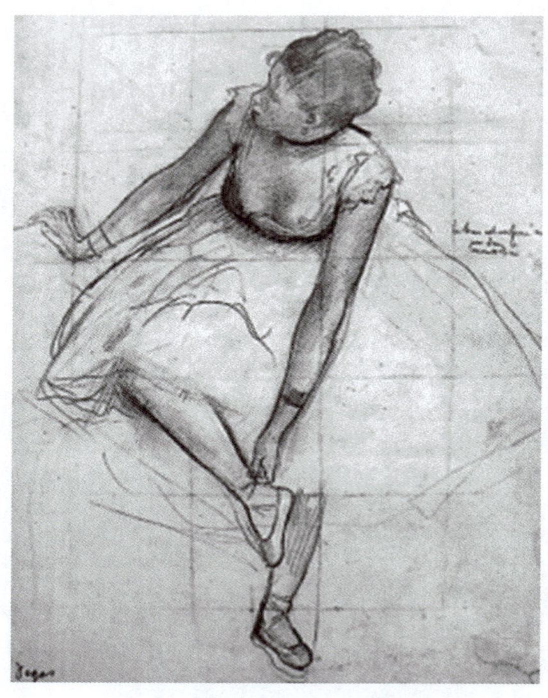

图 1–6–7 《舞女》（德加作）

建筑速写在线条运用上继承了绘画艺术的精髓，特别注重线条的轻重与粗细变化。通过线条的巧妙运用，建筑速写能够生动地表现建筑的体积感、质感、造型特点、表面肌理和虚实明暗效果。在线条的处理上，重线条被用来强调重要的元素，如房屋的

边缘等关键形状；而浅线条用于描绘次要的细节，如建筑结构的细微部分；中间线条则常被用来勾勒物体的轮廓或表现远离观察者的物体。如图 1–6–8a 所示，建筑中规整的线条与石头表面形成了鲜明的肌理对比，增强了画面的视觉冲击力；再如图 1–6–8b 所示，线条的巧妙组合不仅构成了建筑的立体形态，还生动地展现了建筑各个面的走向。

a)　　　　b)

图 1–6–8　线条的表现

a）线条表现造型　b）线条勾画不同形状和走向的面

1. 以线条为主的表现形式

在刻画局部细节时，所使用线条的线重和线宽应服从整体构图效果，避免过于突出而影响画面的整体和谐。

如图 1–6–9 所示，这是以线条为主的表现形式范例：在图 1–6–9a 中，通过突出描绘山村的房屋，而将其他部分简略处理，类似中国画中的留白手法，为观众营造了丰富的想象空间；图 1–6–9b 则通过水平长线与桌椅的曲线形成鲜明对比，营造出一种活跃而富有情趣的氛围。

a)　　　　b)

图 1–6–9　以线条为主的表现形式范例

a）山村房屋速写　b）餐桌速写

2. 线面结合的表现形式

线与面相结合的速写方式非常适合表现面积和体积的基本形态，可以突出展现形体的明暗块面及其阴影的细腻变化。在描绘对象时，线条被用来勾勒形态，同时表现出调子的丰富变化。这种综合性的表现手法使画面效果显得生动活泼，变化多端，从而能够更充分地展现物体的形状、体积和质感。

在建筑速写中，线面结合的形式被广泛应用。线条的排列组合可以根据需要进行多样化的调整，如大小、疏密、轻重、聚散、虚实等，以构成画面中的面。此外，创作者可以利用光线的效果，使建筑速写的表现更加丰富多彩和生动逼真。同时，线条也被用来强调建筑的结构特点。根据描绘对象的造型特征，创作者可以灵活调整线条和面的比例，如线多面少或线少面多，实现不同的艺术效果。

如图 1–6–10a 所示，画面中的地毯和茶几构成了大面积的块面，而短线则被巧妙地用来描绘书柜，从而在面积和体积上形成了鲜明的对比；如图 1–6–10b 所示，该作品运用了线条与明暗调子相结合的手法，生动地表现了操场上的情景。

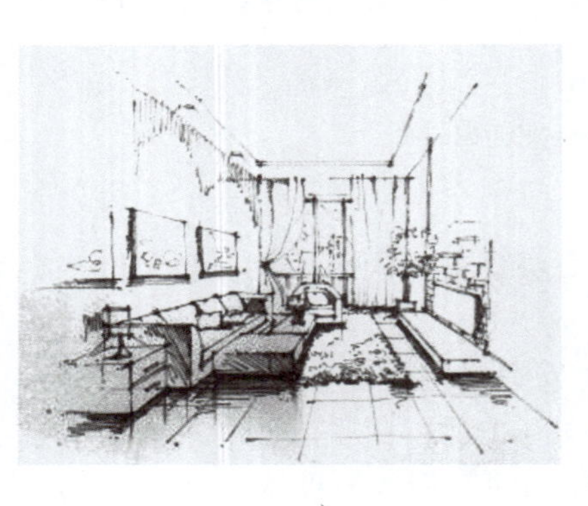

a）

b）

图 1–6–10　线面结合的表现形式范例

a）家居一角　b）操场一景

3. 以明暗调子为主的表现形式

这种表现形式所使用的工具相当多样，既可以是钢笔、炭笔、铅笔等“硬笔”，也可以是毛笔、水彩笔等“软笔”。

由于对象的固有色和周围环境的影响，加之实际环境的复杂多变，速写时应从表现对象的块面变化入手，紧扣形体转折面的主要明暗效果，进行概括与归纳，适当减少中间层次的变化，强调黑白之间的对比。

建筑装饰内容丰富多样，色彩纷呈，造型各异。在建筑速写中，可以采用多种表现手法，提炼出包括形式、质感、线条层次或配景在内的各种元素，如喷泉、花坛、人行道、地面和植物等。

如图 1–6–11a 所示，该作品通过线条精妙地表现了建筑的简洁几何空间，并渲染了其中的光照效果；如图 1–6–11b 所示，线条被用来展现植物与楼梯的空间层次感，同时强调了黑白的对比效果。

a) b)

图 1-6-11 以明暗调子为主的表现形式范例

a）建筑的简洁几何空间 b）植物与楼梯的空间层次感

四、细部描绘

在建筑速写中，细部描绘涵盖了绿化、人物以及多种场景，其取景范围广泛且变化因素众多。建筑环境及室内陈设与人们的日常生活紧密相连，创作者需要深入研究道具、生活环境和人之间的内在联系。在进行此类速写时，应特别注意，创作者的站位是不可随意移动或调整的。通常，创作者应遵循先人后景、先近后远、先主后次的顺序原则进行细部速写。

1. 绿化

在绘制绿化树木时，应根据空间需求调整其大小。首先，使用浅线条勾勒出预定的植物范围，明确植物的边缘，并将其概括为简洁的几何图形。应注意的是，若以单株植物代表丛生植物群，可能会因边缘重叠而显得杂乱，从而影响整体构图的美观性。图 1-6-12 展示了绿化在建筑装饰中的两种常见应用情境：图 1-6-12a 中的植物不仅点缀了办公区域，还巧妙地划分了空间；而图 1-6-12b 则展示了植物与雕塑、艺术品的和谐搭配，共同营造了一个充满艺术氛围的环境。

在建筑速写中，树木常扮演着衬托主题与渲染气氛的重要角色，它们为画面带来了丰富的形状、尺寸及纹理质感元素。树木的形态可大致归纳为球体、锥体、半球体等几种基本形状。在绘制树木时，应把握以下几个关键点：首先要深入分析树木的外形特点和生长规律，并依据构图需求确定树木在画面中的具体位置；其次，要准确把握树干的构造，并据此对树木的整体层次进行有序的梳理；最后，要细致刻画树木的立体感和树叶的形态特点。

如图 1-6-13 所示，专业速写中常采用概括的手法突出树木的主要特征，略去次要细节（图 a、b），图中也展示了树木形态如何被简化为球体、锥体、半球体等基本几何形状（图 c、d）。对于现代建筑周边的风景树，如棕榈、苏铁等，其叶片形态和生长方式变化多端，速写时应着重捕捉它们独特的外形特征。

a) b)

图 1-6-12　绿化在建筑装饰中的两种常见应用情境

a）划分办公区域　b）配合艺术装饰

a)  b)

c)  d)

图 1-6-13　专业速写中树木的归纳表现

2. 人物

（1）人体和空间各元素之间的比例和尺寸

在建筑速写中，人物的描绘对于营造活跃的建筑环境和烘托气氛具有至关重要的作用。在速写中表现人物时，必须特别关注比例的协调性，这包括人物自身的比例以及与周边家具、绿化的比例关系。同时，创作者还需要考虑人体与空间内其他元素之间的比例和尺寸问题，确保整幅画面的和谐感与真实感。

图 1–6–14a 精准地表现了成人与孩童的身高比例差异，图 1–6–14b 通过成人的身高巧妙地体现了家具的实际尺寸，图 1–6–14c 生动地展现了建筑中绿化与人物之间的空间比例关系，图 1–6–14d 则展现了公共空间中人物与街道、建筑之间的比例关系，这是进行公共规划时必须深入考虑的重要因素。

a）

b）

c）

d）

图 1–6–14　人物比例的协调

a）成人和孩童的比例　b）人与家具的比例　c）人与绿化的比例　d）人与公共空间中街道建筑之间的比例关系

（2）人物的主要动作姿态描绘

在实际创作中，创作者需要迅速捕捉人物的主要动作和姿态特征，并运用简洁的笔法准确地表达。人的活动丰富多样，既有相对静止的状态，如坐、卧、立、蹲等，也有较为剧烈的运动，如跳跃、奔跑等。在建筑类专业的人物速写中，应重点关注的是整体的形体轮廓和身体的整体动态，包括以下两点：

1）用辅助线校正形体。在绘画过程中，创作者可以利用辅助线校正形体。首先，要深入理解人物的动态特点，并合理规划构图布局。接着，应着重观察对象的主要动势，运用垂直线、水平线和倾斜线等辅助线精确校准形体的描绘，从而大致勾勒出人物动态的几何形态。然后，进一步确定整体的比例和结构关系。在此过程中，捕捉动态的基本形体显得尤为重要，因为只有在掌握基本形体的基础上，才能精确地把握身体各部分的比例以及局部在整体中的定位，确保结构的严密性和关系的准确性。随着速写技能的不断提高，创作者可能会逐渐减少对辅助线的依赖，但无论如何，都应始终坚持“从整体出发，细化到局部”的绘画原则。

2）抓住动态人物的重心。人物在做出各种动作时，其身体的重心会随之发生相应的变化。因此，在速写过程中，创作者需要特别关注人物重心的位置，并准确判断身体重力的支撑点。例如，创作者需要明确重力是由双腿共同支撑还是仅由单腿承担。当人物的重心发生偏移时，还需要确认重力是否仍然由双腿分担，确保人物站立的稳定性，避免给人留下站立不稳的印象。

在速写中，能够简洁地描绘出人物动态特征的线条称为动态线。由于人物的服饰有时会紧贴身体，有时则相对宽松，特别是在人物动作幅度较大时，表现难度会相应增加。为了准确捕捉这些动态特征，创作者需要从人体内部的结构变化入手，深入理解其外部形态的变化，并紧紧围绕动态线捕捉对象最生动的瞬间动作。掌握了动态线的运用，创作者就可以结合记忆进行默写，并进一步深入细致地描绘人物的各种动态。

图 1–6–15 展示了不同空间环境中的人物，包括中庭、街边小景、花店、复式住宅、滑冰运动中心、商场门庭、超市、洗衣店等各种场景中的人物。这些人物呈现出休闲、游览和工作等各种状态，具有极高的学习参考价值，可以作为临写的优秀范例。

3. 水体

水是自然环境中至关重要的组成部分，同时也是建筑速写中常见的描绘主题。水没有固定的形状，创作者可以根据其所处的状态，将其划分为动态水体与静态水体两大类。动态水体指的是处于流动状态的水，如涌泉、溪流、跌水和瀑布等，这些水体都充满了蓬勃的生机与动感。相对而言，静态水体则指的是那些处于静止状态或流动极为缓慢的水，如池塘、湖泊和泳池等，它们往往能够带给人一种平静而深远的感觉。在建筑速写的过程中，对于水的描绘需要全面考虑其状态以及周围环境对其产生的影响，以便能够精确地表现出水体的特性及其所处的环境氛围，如图 1–6–16 所示。

a)

b)

c)

d)

e)

f)

g)

h)

图 1-6-15　不同空间环境中的人物

a）中庭　b）街边小景　c）花店　d）复式住宅　e）滑冰运动中心　f）商场门庭　g）超市　h）洗衣店

图 1–6–16　不同状态和环境的水体

4. 山石、山体

山石作为我国自然园林景观中的核心构成元素，深受古人喜爱，如“无园不山、无园不石”，便是对山石卓越美感的生动描绘。在建筑速写领域，山石虽常担任配角，且多被置于远景中加以表现，但其在提升画面空间层次感方面却发挥着举足轻重的作用。图 1–6–17 便精彩呈现了各式各样的山石与山体，充分展现了山石的独特魅力和其在建筑速写中的重要性。

5. 其他建筑空间

表现建筑空间的速写作品涵盖多个场景，包括办公室区域、中庭区、走廊、庭院、商场以及户外景观等。图 1–6–18 所示为不同的办公室区域，如办公室、楼梯、会议室和个人办公区域；图 1–6–19 所示为商店及餐馆的多样场景，如小商店门面、酒吧窗

图 1–6–17　各式各样的山石与山体

a)　b)　c)　d)

图 1–6–18　不同的办公室区域

a）办公室　b）楼梯　c）会议室　d）个人办公区域

a)

b)

c)

d)

e)

f)

g)

图 1–6–19　商店及餐馆的多样场景

a）小商店门面　b）酒吧窗台　c）餐饮区域　d）中庭　e）休憩区域　f）休闲会所　g）商场一景

台、餐饮区域、中庭、休憩区域、休闲会所和商场一景等；而图 1–6–20 所示为天花板的速写表现。这些地方虽常易被忽视，却常成为建筑设计的亮点。对于创作者而言，在工作或休息间隙，用笔捕捉这些场景，不仅是设计的灵感来源，也是提升专业素养的有效途径。此外，日常的速写练习还有助于培养敏锐的速写意识和良好的设计能力。

五、明暗色调

明暗色调的巧妙运用能够精准地掌控画面的层次感。通过运用不同的色调，创作者可以清晰地勾勒出画面的前景、中景和背景。通常，创作者会采用一种渐进式的明暗色调处理方式，这种由深至浅或由浅至深的色调变化，与人们的审美习惯相契合。在这种处理方式中，中景往往使用中间色调来呈现，而前景则通过最深的色调来凸显。然而，也存在与此截然相反的处理手法。如果明暗色调的变化不遵循这种渐进的规律，那么画面的深度感和距离感就会被削弱，导致物体之间相互重叠，难以区分远近层次，最终使得整个画面显得乏味而缺乏立体感。在速写过程中，应竭力避免这种无层次感的画面出现。

a)

b)　　　　c)

图 1-6-20　天花板的速写表现

a）小型电影院　b）商场　c）会议厅

线条作为速写中的重要元素，其长短、曲直、转折、顿挫和轻重缓急的变化，都能为画面营造出独特的氛围，形成富有节奏感和韵律感的视觉效果。众多精致且多层次的画面效果，都依赖于线条的精湛运用而得以实现。在实际绘画过程中，线条的具体应用需根据所描绘对象的形态和色彩特点进行灵活调整。在速写时，创作者需要精心地安排画面中的线条布局，使得线条的疏密分布恰到好处，从而营造出画面的视觉焦点，并展现出丰富的黑白灰层次。画面的黑白灰层次正是通过这些线条的巧妙组合来呈现的：线条缺失的区域自然形成了白色块面，而线条紧密汇集之处则构成了黑色或灰色调。为了营造出精致的灰色调，创作者需要运用细腻且流畅的线条加以配合，巧妙地将色彩转化为线条的多样形式和丰富纹理，从而极大地丰富画面的视觉表现力。如图 1-6-21 所示，创作者在描绘户外景观时，可以深刻体会到前景、中景和背景之间的空间关系，以及主体与配景之间的前后层次。同时，这几幅作品也展示了画面的视觉中心以及精湛的黑白灰层次处理水平。

a）

b）

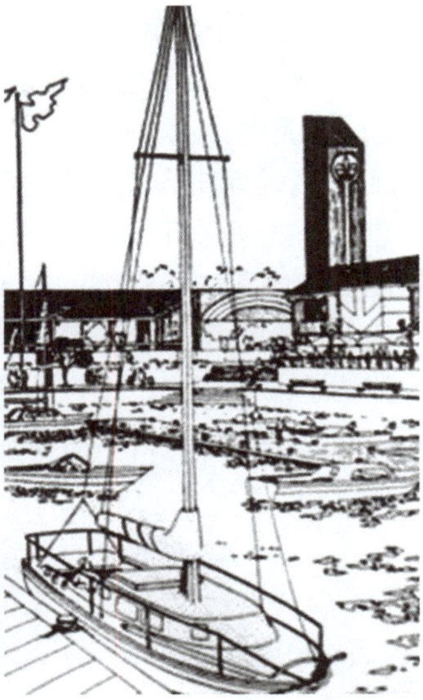

c）

图 1-6-21 户外景观

a）轿车 b）门窗 c）游艇

第七节 素描、速写与建筑的关系

素描、速写与建筑，这三个概念虽然看似无直接关联，但实际上它们之间存在着错综复杂的紧密联系。素描和速写作为绘画艺术的基础技能，对于建筑领域而言，其作用不仅包括记录和描绘建筑的形态，更重要的是，它们是建筑师理解和探索建筑空间的关键手段。

一、素描、速写在建筑中的运用

素描与速写可运用铅笔、钢笔、炭笔、水彩等多种绘画媒介进行创作。建筑师在素描过程中，常通过线条的流畅描绘、阴影的巧妙运用、比例的精准掌握以及透视原理的恰当应用等技巧，生动展现建筑物的立体感和空间关系。建筑素描与建筑速写则成为建筑师迅速捕捉并记录设计灵感与构思的得力工具。

1. 形态表达

素描与速写作为一种极为直观且直接的表达手法，借助线条的流畅勾勒与阴影的层次塑造，能够细腻入微地展现建筑的形态、结构以及纹理等诸多细节。对于初学者而言，这两种绘画方式均可帮助其构建起对建筑的基本认识，进而更深入地理解并把握建筑的形态特质。

2. 空间理解

建筑空间是一个涵盖多重元素的复杂概念，它不仅涉及建筑实体自身，还囊括了人与环境、光与影、内部空间与外部空间等多重因素的交互影响。借助素描与速写的艺术手法，建筑师能够细致地观察并理解建筑的各个视角及其空间关系，进而更全面地掌握和领悟建筑的空间构造。

3. 建筑设计

在建筑设计中，素描与速写所扮演的角色远超过辅助工具的范畴，它们更深层地体现了建筑师的思考方式与创作手段。作为辅助工具时，这两者能够协助建筑师更精准地传达其设计理念和创意构思。建筑师通过素描与速写的形式，将自己的想法具象为清晰的图像，这不仅有助于团队内部的沟通与交流，还能提高设计方案的实施效率。此外，在方案修改和调整的过程中，素描与速写也能够帮助建筑师更全面地掌控建筑的整体形态和细节设计。例如，建筑师 Samuel Chamberlain 的作品整体形态和细节如图 1–7–1、图 1–7–2 所示。

图 1–7–1　整体形态

图 1–7–2　细节

二、素描、速写在建筑中未来专业领域的应用

此外，素描与速写亦能作为出色的教育工具，有助于初学者更深刻地理解与认知建筑。学习素描与速写，初学者可以更直观地洞察建筑的结构、形态及空间关系，由此激发他们对建筑学的热情与兴趣。

素描、速写与建筑学的相互渗透，呈现了一种多元化、全方位的交流与互动。此种结合不仅为建筑学增添了新的表达方式与思考维度，更为人们提供了多样化了解建筑的途径。通过这些艺术手法，初学者能够更深入地领略建筑的美学魅力，从而更好地实现建筑的功能与价值，共同打造更宜居的生活环境。

除了上述方面，素描与速写在建筑中的应用还涵盖诸多领域。例如，在建筑历史和文化遗产保护方面，素描与速写可用于记录和分析历史建筑的结构、形态、材料以及文化背景等元素，为保护和修复工作提供有力的依据和支持。同时，它们还可以用于建筑遗产的档案记录和保存，为后人了解和认识这些珍贵的文化遗产提供翔实的资料。

与此同时，科技的日新月异使得素描和速写与计算机辅助设计（CAD）软件的结合越来越紧密，这一变革为建筑设计行业带来了翻天覆地的变化。借助数字化手段，建筑师能够更便捷地运用素描和速写的理念进行建筑设计、分析和展示，从而大幅提高工作效率和设计精确度。

展望未来，建筑学的发展与素描、速写的结合将更加紧密无间。科技的持续进步将推动数字化技术和人工智能在建筑学中的更广泛应用，带来前所未有的创新和突破。同时，随着人们对建筑美学、功能和文化内涵的追求不断提升，素描和速写作为基础的艺术表达方式和设计思考手段，其在建筑学中的重要性将更加凸显。无疑，这两种传统艺术形式将在现代建筑学的演进中继续扮演举足轻重的角色。

未来，人们可以利用素描与速写探索更为智能和环保的建筑形式。例如，通过数字化手段模拟和分析建筑的空间与形态，以设计出更加节能和环保的建筑。同时，还可以借助素描与速写记录和传承文化遗产，为后人提供更为丰富和准确的信息，以便他们更好地了解和认识这些珍贵的文化遗产。

总而言之，素描、速写与建筑学的深度融合，将为建筑学领域注入更多的发展动力并带来更大的挑战。通过持续的创新与探索，人们可以更好地挖掘素描和速写在建筑学中的潜力，为人类营造更加美好的生活环境。

1. 绘制一张石膏组合结构素描，注意表达物体的主次关系。
2. 常用的素描构图法有哪几种？分别是什么？
3. 绘制三种不同形态的假山的光影素描，注意光源与质感的表现。
4. 选取家里或校园中的一处场景，并用素描的方式绘画出来。
5. 以自己的手为例，用线条表现手的不同形状。

6. 绘制 5 张街头人物动态速写，突出动态特征，注意线的表现。

7. 绘制 10 张产品速写，如电吹风、电熨斗、行李箱、皮靴、吸尘器等，并选其中一张速写用素描的关系表现出五大调子。

8. 绘制 20 张场景速写，如卧室一角、客厅一角、会议场面、街边小景等，要求使用钢笔进行线条勾勒，注意透视变化和比例的协调。

9. 选取三种不同形体的树木，用线条勾勒出树干和树冠的生长形态，描绘出树种特征。

第二章 色彩表达

学习目标

了解色彩的基础知识（色彩的形成、色彩的种类、色彩的三要素、色彩的错视现象），了解色彩的心理表现，掌握色彩搭配方法与技巧。

色彩作为造型艺术的重要构成元素之一，构成了造型艺术的基础。在设计领域，色彩同样占据着举足轻重的地位，它不仅具有装饰和美化生活的作用，还能在一定程度上影响人的情感，甚至改变人的生活方式。正因如此，对于建筑类专业的学生而言，系统且科学地认识色彩、深入学习色彩的基本规律和基础知识、熟练掌握色彩的表现技巧，以及明确色彩学习的目的和方法，显得尤为重要。

第一节 色彩的基础知识

一、色彩的形成

1. 色彩形成原理

现代物理学已经证实，光和无线电波均属于电磁波，而色彩则是由于光的刺激所引发的一种视觉感受，即光是色彩产生的根源。从这个角度来说，色彩实质上是光的一种具体表现形式。物体因对光的吸收和反射能力各异，故而能呈现出丰富多样的颜色。

在可见光谱的范围内，不同波长的辐射会触发人们不同的色彩感知。早在 1666 年，英国科学家牛顿便发现，当太阳光经过三棱镜折射并投射到白色屏幕上时，会形成一条宛如彩虹般绚烂的色光带谱。这条色光带从红色开始，依次呈现红、橙、黄、绿、青、蓝、紫这七种颜色，如图 2-1-1 所示。人们在日常生活中所观察到的彩虹颜色，正是这种光谱色的体现，它是由太阳光折射而产生的。色彩对人的影响并不局限于光学层面，人们通过眼睛感知色彩，而眼睛则决定了人们感受光线和色彩的能力。从生理学的角度来看，人眼受到光的刺激后，会形成神经兴奋，这一兴奋信号随后传递到大脑皮质的视觉中枢，从而产生颜色视觉。

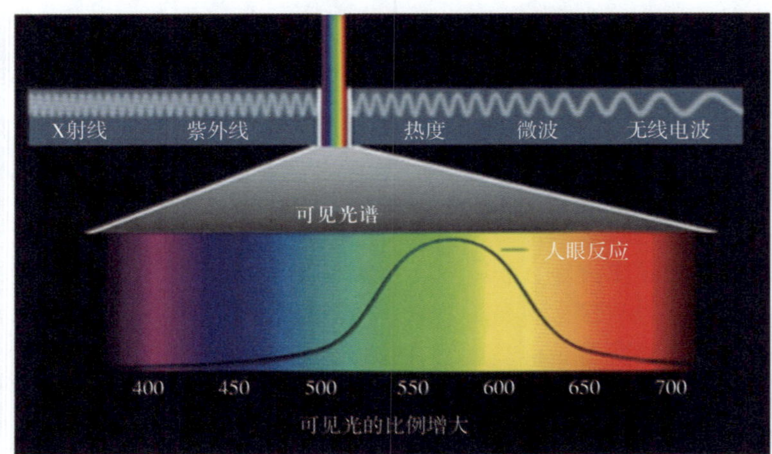

图 2-1-1　自然光光谱

2. 自然色彩与绘画色彩

色彩根据表现形式不同，可以分为自然色彩和绘画色彩两种。

（1）自然色彩

自然色彩通常指的是在阳光照射下，各种景物的颜色表现。这些颜色会随着季节的更替、气候的变化、环境的差异以及时间的推移而发生改变。当一束白亮的光线通过三棱镜后，会在屏幕上展现出红、橙、黄、绿、青、蓝、紫等丰富的色彩。色光的基本组成色（即三原色）包括红色、绿色和蓝色。色光的形成遵循加法混合的原理，也被称为正混合。当色光的三原色按照特定的比例叠加时，它们能够合成出白光（见图 2-1-2a）。

（2）绘画色彩

绘画色彩能够呈现物体本身的颜色、周围环境的影响色、光源产生的颜色以及它们之间的相互关系和变化。在绘画中，红、黄、蓝被视为三原色。这些颜色的形成是基于减法混合的原理，也被称为负混合。红、黄、蓝这三种颜料的特性是能够吸收光

图 2-1-2　三原色

a）色光三原色　b）绘画色彩三原色

线并反射出部分光线。由于这一特性，当这些颜料叠加使用时，一种颜色会吸收另一种颜色的部分光线，整体的颜色效果会逐渐减弱，明度和纯度同时下降，形成明度上的递减效果（见图 2–1–2b）。

色彩的感受会因观察者的不同和观察条件的变化而产生差异，这种差异可能引发多种色感体验，如冷暖感、胀缩感、距离感、重量感和兴奋感等。同时，人们对色彩的好恶、色彩所代表的意义（如象征性和表情性）以及色听现象（即联觉）等也会受到影响。因此，在特定情境下，色彩能够与观察者的感受和情感产生共鸣。例如，在中国文化中，红色通常象征着吉祥、幸福和繁荣；而在西方文化中，红色则可能被解读为邪恶、禁止、停止或警告的意味。

二、色彩的种类

色彩可细分为原色、间色、复色以及补色等不同类型。原色、间色和复色共同构建了一个包含十二种色相的规律性色相环，即十二色相环（见图 2–1–3），其排列如同彩虹的连续变化。在此色相环内，每一种色相均占据独特且确定的位置。图 2–1–4 展示了三原色及其首次混合后得到的间色。

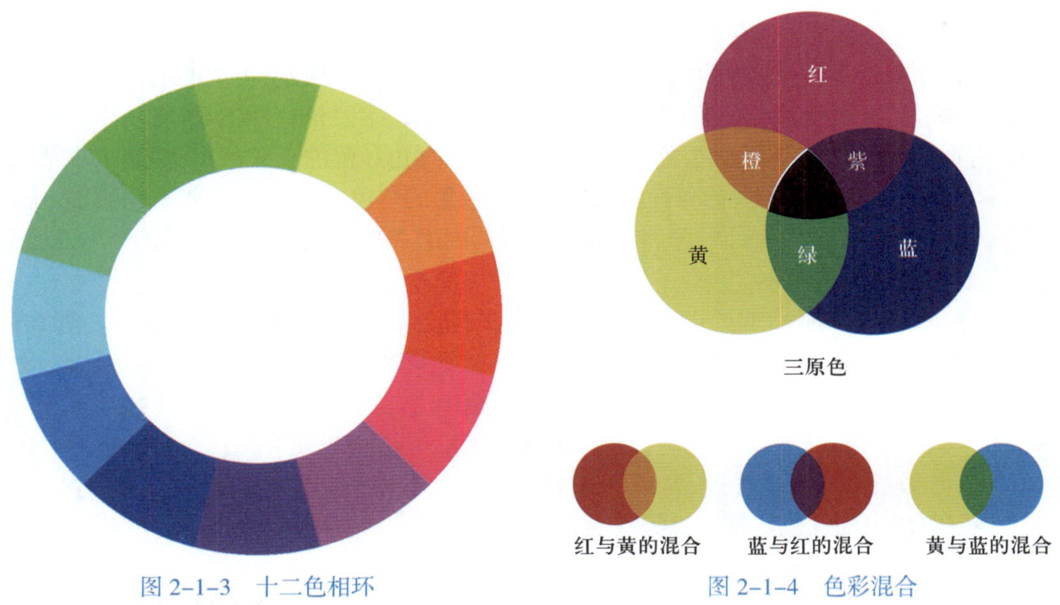

图 2–1–3 十二色相环

图 2–1–4 色彩混合

1. 原色

原色（见图 2–1–5）是指无法通过其他颜色的混合来获得的基本色彩。举例来说，红色、黄色和蓝色就是三原色，亦被称作第一次色。红色、黄色和蓝色是无法通过其他颜色调和得出的，然而，其他所有的颜色却都可以通过红色、黄色和蓝色的调和获得。在十二色相环中，红色、黄色和蓝色占据了三原色的位置，这三种原色的标准定义如下：

红色：纯粹且不含蓝色或黄色成分的红色。

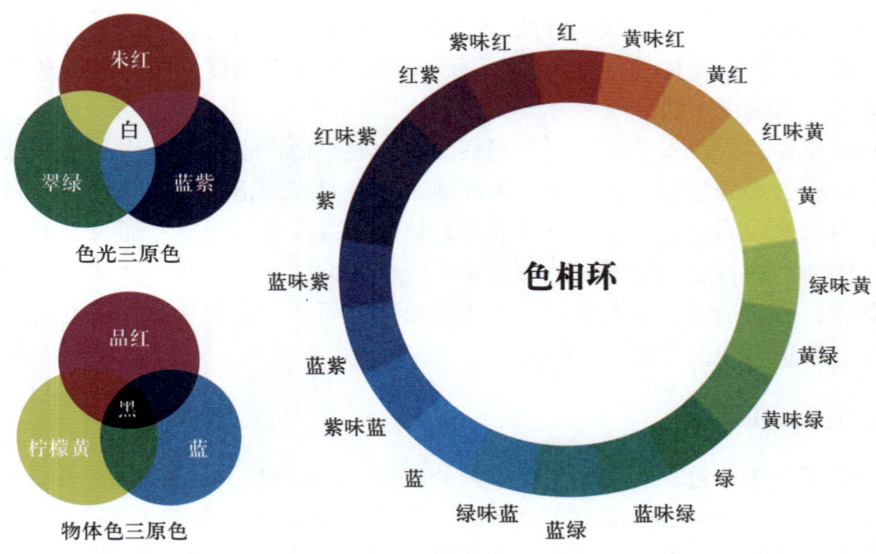

图 2-1-5　原色

黄色：纯粹且不含绿色或红色成分的黄色。

蓝色：纯粹且不含绿色或红色成分的蓝色。

以不同的比例混合这些原色，可以创造出全新的颜色。若从数学中的向量空间角度来解释色彩系统，原色可以被视作空间内的一组基底向量，它们有能力共同构建一个完整的色彩空间。普遍而言，在叠加型色彩模式中，红色、绿色和蓝色被视为三原色，而在消减型色彩模式中，品红色、黄色和青色则担任了三原色的角色。在传统的颜料着色技术中，红色、黄色和蓝色被用作原色颜料。那些能够调配出各种颜色的基础色彩，称为基色。

2. 间色

两种原色相调所形成的颜色称为间色（见图 2-1-6），也称为第二次色。那么，三原色就可以调出三种间色，其配合如下：

红 + 黄 = 橙

黄 + 蓝 = 绿

蓝 + 红 = 紫

将三原色中的红色与黄色以等量混合，可以得到橙色；将黄色与蓝色等量混合，可以得到绿色；而将红色与蓝色等量混合，则会得到紫色。将三种原色混合在一起时，得到的颜色接近黑色。在调配过程中，由于原色分量的差异，能够产生丰富的间色变化。

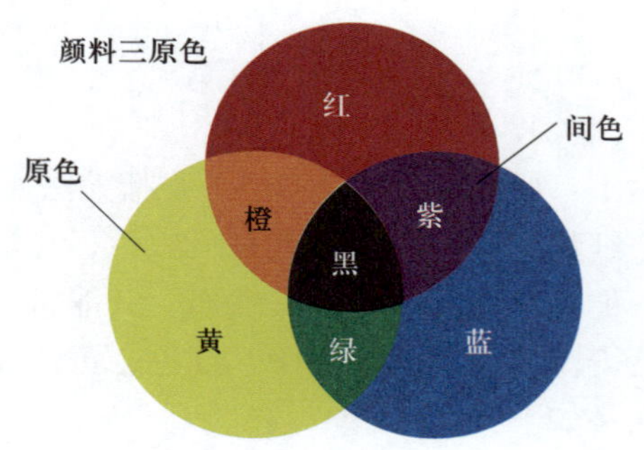

图 2-1-6　间色

3. 复色

由两个间色相混或间色与原色相混所形成的颜色称为复色（见图 2-1-7）或第三次色，其颜色纯度较低。复色的配合如下：

黄 + 橙 = 黄橙
红 + 橙 = 红橙
红 + 紫 = 红紫
蓝 + 紫 = 蓝紫
蓝 + 绿 = 蓝绿

复色构成了最为丰富多样的色彩群体，其变化无穷且色彩斑斓，涵盖了除原色和间色之外的所有颜色。复色是将三种原色以不同的比例混合而得到的，或者是由原色与包含另外两种原色的间色混合而产生的。由于复色中包含了所有的三原色，因此也含有黑色的成分，其纯度相对较低。尽管复色的种类繁多，但多数呈现出暗灰的色调，若在调配过程中处理不当，可能会给人一种脏乱的感觉。

孟赛尔色系立体图（见图 2–1–8）表达了复色的变化：由中部往下添加了黑（见图 2–1–9），往上添加了白（见图 2–1–10），中间的色环纯度最高，是原色。

图 2–1–7　复色

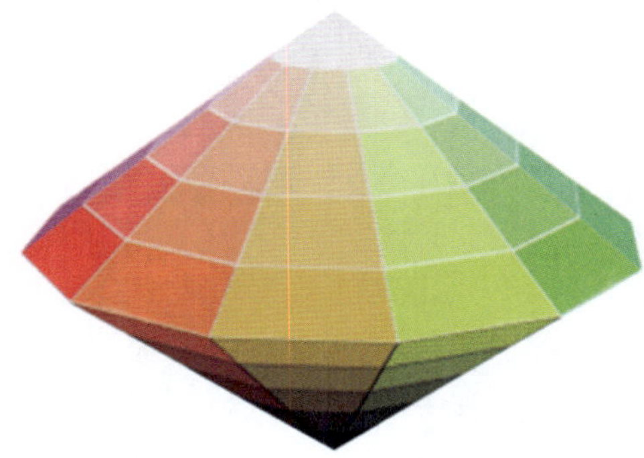

图 2–1–8　孟赛尔色系立体图

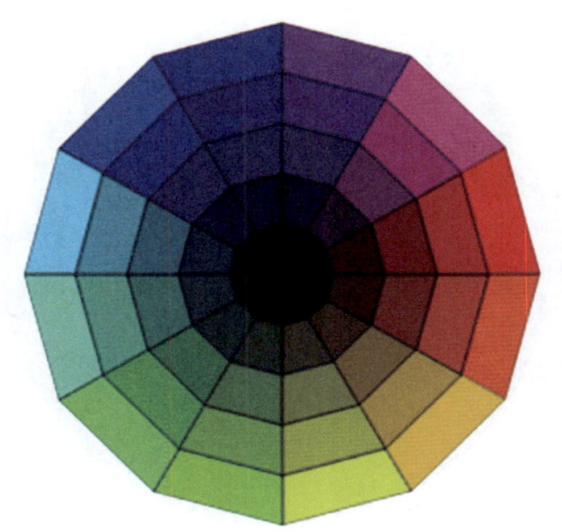

图 2–1–9　孟赛尔色系立体图的下部

图 2–1–10　孟赛尔色系立体图的上部

4. 补色

在色相环上，处于直径两端相对位置的两种颜色被称为补色（见图 2–1–11），也被称为互补色或余色，补色在视觉上形成最强烈的对比。当两种颜色混合后产生中性的灰黑色时，这两种颜色即被视为补色。例如，黄色与蓝色、青色与红色、品红色与绿色都是补色。

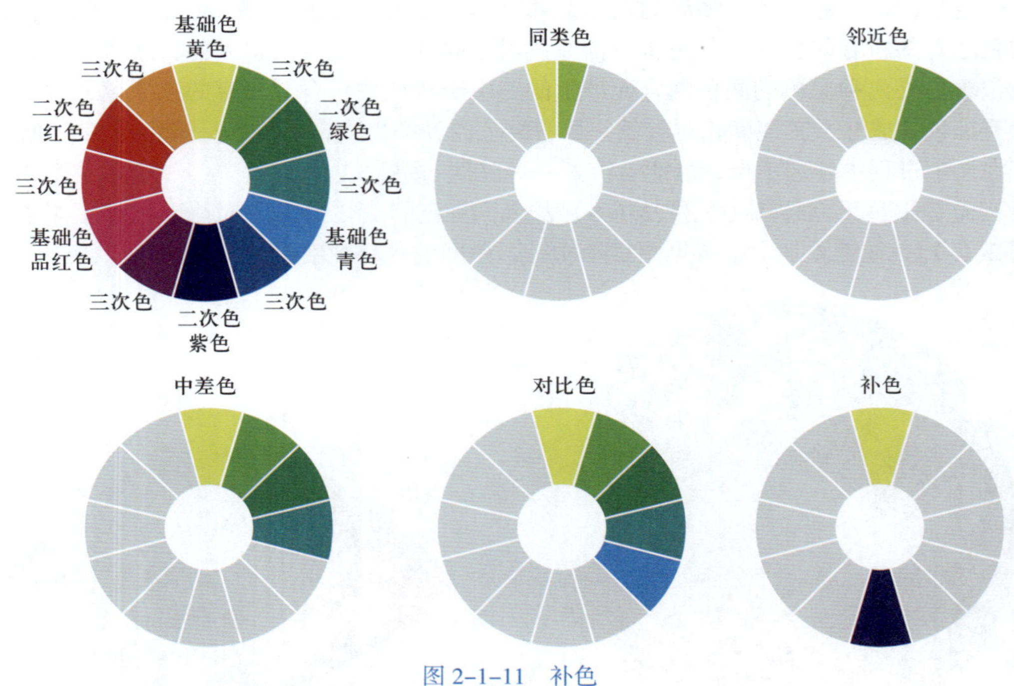

图 2–1–11　补色

每一种特定的色彩都对应着唯一的一种补色，这一点可以通过简单的实验进行验证。如果长时间凝视一块红色的布，然后迅速将视线转移到白色的墙面上，人的视觉会产生一种残像，使得白墙似乎被绿色所覆盖。这一现象揭示了视觉残像的原理，即为了视觉上的平衡，人的眼睛会自然地产生补色进行调节。此外，有些作品的画面色彩显得乏味，这往往是因为其色彩布局没有满足视觉补色平衡的需求。在十二色相环中，我们可以清楚地看到，补色是位于环形轮每条直径两端的色彩，如图 2–1–12 所示。

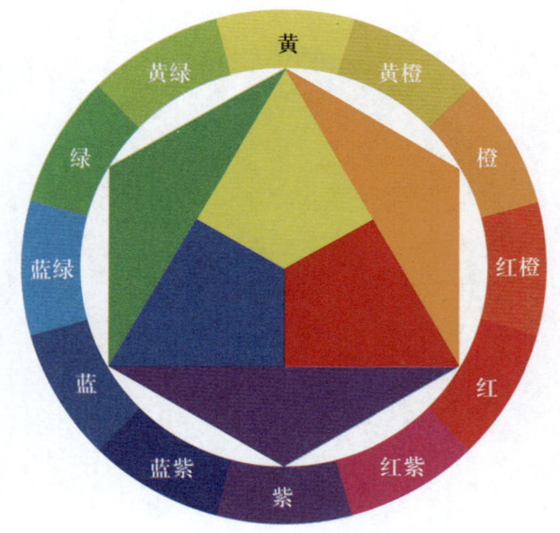

图 2–1–12　十二色相环

补色还具备以下显著特征：当两个形成对比的颜色（如红色和绿色）被紧密并排放置时，它们在视觉上会互相强化彼此的饱和度，从而使得色相和纯度都更为鲜明。另

外，当这两种颜色进行调和后，会产生一种明度和纯度都有所降低的中性灰黑色。这种灰黑色代表的是这两种补色在相互融合过程中所能达到的最和谐状态。

三、色彩的三要素

色彩的三要素为纯度、明度和色相，它们各自承载着独特的视觉属性。人所观察到的任意彩色光线，均为这三个要素共同作用的结果。具体而言，色调与光波的波长有直接关系，而光波的振幅则影响着亮度和饱和度。

色彩的三要素是相互联系、不可或缺的。在开始绘画之前，进行深入的观察分析是不可或缺的环节。绘画过程中，创作者可以尝试分解这三个要素，分别审视明度、纯度和色相，识别画面中的不足之处。举例来说，若画面色彩丰富却显得层次模糊、整体沉闷，那么问题可能出在明度的层次划分上；若画面节奏鲜明、色彩倾向清晰，但某些色彩区块显得突兀或不和谐，那么可能是这些区块的纯度处理有待改进，纯色与灰色的搭配需要更加协调；若明度和纯度的处理都恰到好处，但画面整体色彩感不足，那么可能是色相方面的冷暖搭配不够和谐。因此，在色彩写生的基础练习中，应不断反思与总结，逐渐培养运用色彩三要素调控和检验画面色彩效果的能力。

1. 纯度

从理论上来说，所有颜色均可通过红色、黄色和蓝色这三种原色的调和产生。在未被其他颜色混合的情况下，三原色保持着最高的纯度。然而，一旦它们相互混合，其纯度便会开始下降。商店中出售的颜料往往具有较高的纯度，但经过调和后，颜色会从纯净逐渐转变为灰色调，从而在绘画作品中创造出纯净与灰色之间的对比效果。

纯度即色素的饱和程度，是表现事物量感的一个重要指标。不同纯度的色彩会对所描绘事物的量感产生不同的影响。红、橙、黄、绿、青、蓝、紫这七种基本颜色的纯度达到了最高水平。而在各个色系内部，如红色系中的橘红、朱红、桃红、曙红等颜色，它们的纯度都稍低于纯红色，并且这些颜色之间的纯度也存在着差异。

2. 明度

明度即色彩的明亮程度，是从亮到暗的连续变化过程，如图 2-1-13 所示。在十二色相环中，黄色的明度位居首位，而蓝色则处于明度的较低端。黑色与白色分别象征着明度的最低点和最高点。在绘画创作中，精妙地运用色彩的明度对比，能够为画面带来分明的层次感。这种效果与音乐中的高低音阶相呼应，为艺术作品注入了生动的节奏和韵律。明度实际上揭示了色彩的深浅层次。所有色彩都拥有从明到暗的渐变层次，这些层次可大致划分为“黑”“白”“灰”三大类别。在红、橙、黄、绿、青、蓝、紫这七种颜色中，黄色与橙色的明度名列前茅，随后是绿色，红色和青色的明度位居其后，而蓝色和紫色的明度则相对较低。通过灵活调整画面中色彩的明度，也就是色彩的深浅变化，创作者可以赋予作品更为丰富的层次感和立体感。

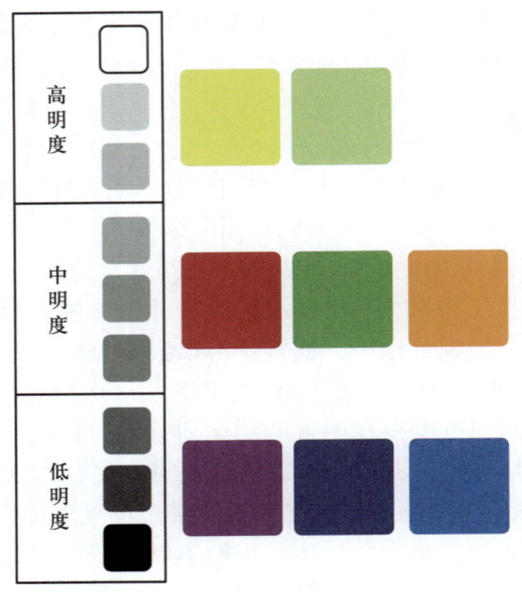

图 2-1-13　明度

3. 色相

三原色之间的相互调和能够派生出丰富多彩的颜色。例如，红色与黄色混合会产生橙色，红色与蓝色混合则产生紫色，蓝色与黄色混合则产生绿色。这些由不同颜色混合所产生的具体色彩名称，称为色相。色相即色彩的外观特征和它们之间的相互区别。不同波长的光波作用于人的视网膜，人便会产生对不同颜色的感知。更具体地说，色相涵盖了红、橙、黄、绿、青、蓝、紫这七种基础色彩。这些颜色的光波长度各不相同，红、橙、黄色的光波相对较长，能对人的视觉产生较强的冲击感；相对而言，蓝、绿、紫色的光波较短，其视觉冲击力会稍逊一筹。色相在很大程度上体现了事物的固有色彩以及其所带来的冷暖感受。

四、色彩的错视现象

错视现象仅在色彩进行搭配时才会产生，单一存在的色彩本身并不会引发错视效果。当色彩受到周边元素的影响时，会在人的视觉上产生变化，这种现象被称作色彩的错视。合理地利用错视现象，可以有效地提升设计作品的视觉冲击力和趣味性。

1. 色相对比

色彩错视中的色相对比，指的是当两种具有显著色相差的色彩进行搭配时，在人的视觉上产生的误导性判断。当两种对比色同时出现，或者两种颜色相邻时，原本平面的图案会呈现出立体化的视觉效果。若采用图案与背景叠加的设计方式，这种错视效果会更为显著，如图 2-1-14 所示。

2. 明度对比

明度对比产生于某种颜色与其周边颜色的明度存在显著差异的情况。当将亮色与暗色并置时，亮的颜色会显得更为明亮，而暗的颜色则会显得更为暗淡。例如，在白

色背景中，同样的灰色会显得明度较高；而在黑色背景中，同样的黄色则会显得格外突出，如图 2-1-15 所示。

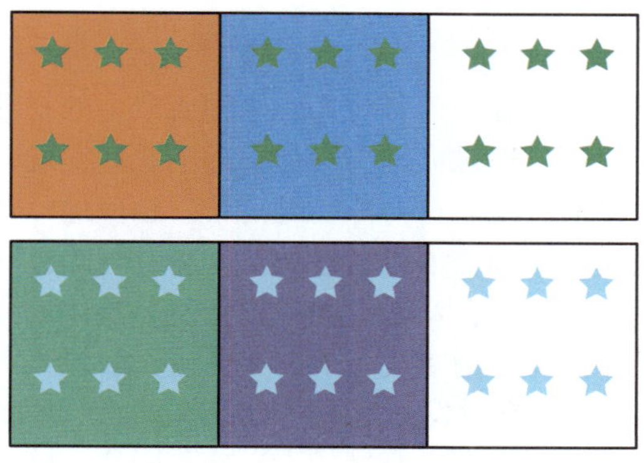

图 2-1-14　色相对比

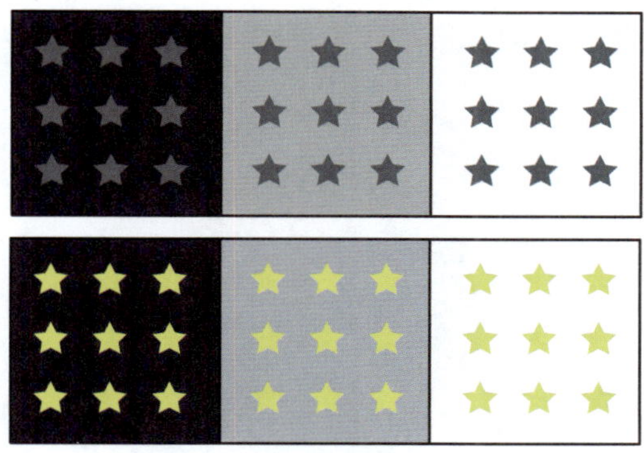

图 2-1-15　明度对比

3. 纯度对比

色彩错视中的纯度对比，是指当某种颜色的纯度与其周围颜色的纯度存在显著差异时所出现的一种视觉现象。具体而言，若底色的纯度高于图案色，则图案色的纯度在视觉上会显得比实际更低；反之，若底色的纯度低于图案色，那么图案的纯度在感觉上就会显得比实际更高，如图 2-1-16 所示。

图 2-1-16　纯度对比

第二节 色彩的心理表现

色彩的直接性心理效应来源于色彩对人的生理所产生的物理性刺激，这一点已经得到了心理学家的广泛验证。通过大量实验，心理学家们发现，红色环境会促使人的脉搏加速、血压升高，进而激发兴奋与冲动的情绪。相反地，在蓝色环境中，人的脉搏会趋于平缓，情绪也更为宁静。值得注意的是，冷色与暖色的区分是基于人们对色彩的主观心理感受，而并非基于色彩本身的物理特性。具体来说，长波长的红光、橙光和黄光会带给人温暖的感觉，而短波长的紫光、蓝光和绿光则会使人产生寒冷的感觉。除此之外，冷色与暖色还会触发其他不同的心理反应。例如，暖色给人以沉重感，而冷色则带来轻盈感；暖色让人感觉密度较大，冷色则使人感觉更为稀薄；冷色会让人产生后退的错觉，暖色则给人一种逼近的感觉。然而，这些感受都是建立在心理错觉的基础之上，并非物理现象的真实写照（见图 2–2–1、图 2–2–2）。

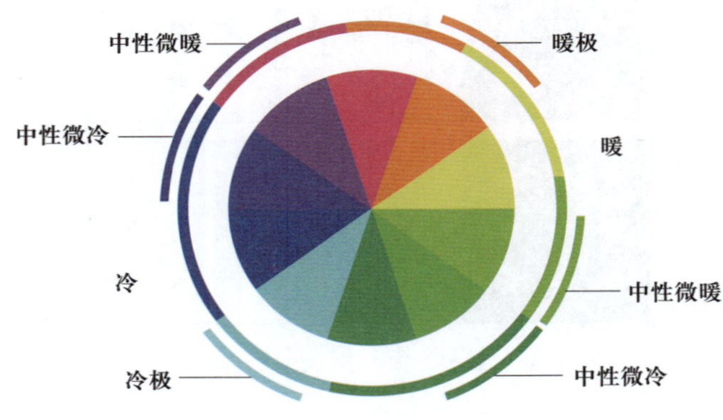

图 2–2–1 冷暖色光

a)

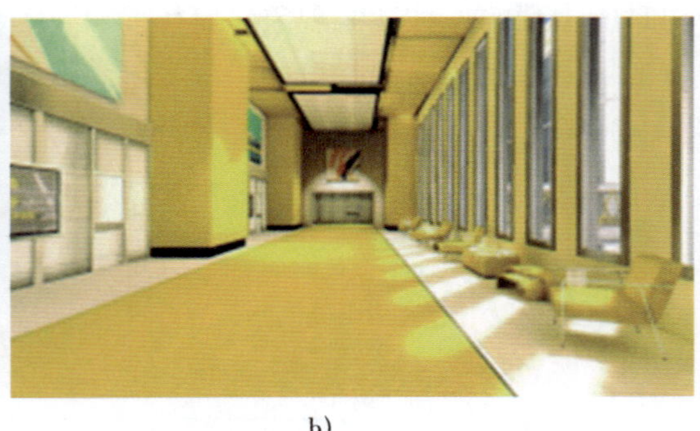

b)

图 2–2–2 冷暖色彩对比

a）蓝色 b）黄色

色彩作为一种视觉感受，是通过人的视觉器官感知客观世界并形成信息的，从而使人们对色彩有所认识。来自外部环境的视觉形象，诸如物体的形态、空间感、位置

关系，以及它们之间的界限和差异，都是通过色彩以及明暗对比体现的。各种色彩的象征意义见表 2–2–1。

表 2–2–1　各种色彩的象征意义

色彩	象征意义
红色	热情、活泼、热闹、革命、温暖、幸福、吉祥、危险
橙色	光明、华丽、兴奋、甜蜜、快乐
黄色	明朗、愉快、高贵、希望、发展、注意
绿色	新鲜、平静、安逸、和平、柔和、青春、安全、理想
蓝色	深远、永恒、沉静、理智、诚实、寒冷
白色	纯洁、纯真、朴素、神圣、明快、柔弱、虚无
黑色	崇高、严肃、坚实、沉默、黑暗、恐怖、绝望、死亡

一、红色的心理表现

红色给人一种温暖的色感，它象征着热烈、刚毅和外向的性格，是一种极具刺激性的色彩。红色不仅能够轻易吸引人们的注意，还容易引发兴奋、激动、紧张和冲动的情绪，但同时，长时间的红色刺激也容易造成视觉上的疲劳。图 2–2–3 是以红色为主色调的自然色彩图，其中温暖的红色调带给人收获与成熟的喜悦感受。图 2–2–4 呈现了红色调的室内设计，红与黑的搭配使得色彩冲击力显得格外强烈。

图 2–2–3　以红色为主色调的自然色彩图

图 2–2–4 红色调的室内设计

当在红色中加入少量黄色时，会显著增强其热烈与活力的感觉，使得整体色调更倾向于躁动与不安；当在红色中加入少量蓝色时，红色的热烈感会得以缓和，整体色调将变得更加文雅与柔和；当在红色中加入少量的黑色时，会赋予红色一种沉稳的特质，使整体感觉更加厚重与朴实。

二、黄色的心理表现

黄色展现出一种冷漠、高傲且敏感的性格，它在视觉上给人留下扩张与不安定的印象。在诸多色彩中，黄色堪称最为娇气的一种。只需在纯黄色中稍稍混入其他色彩，其色相感和色性便会产生显著的变化。图 2–2–5 是以黄色为主色调的自然色彩图，图中的黄色带给人一种娇嫩清纯的观感。图 2–2–6 是黄色调的室内设计，它给人一种清爽宜人的感觉。

三、蓝色的心理表现

蓝色带给人一种冷静且深沉的感觉，常被形容为具有朴实与内向的性格特点。由于这种色彩能够促使人们保持头脑冷静，因此在许多需要冷静思考和判断的情境中，蓝色得到了广泛的应用。蓝色的内敛特质常常为那些性格更为活跃、具有显著扩张感的色彩营造出一个深远而平和的背景，宛如一位友善且谦逊的挚友，在不张扬中衬托出其他色彩的魅力。值得一提的是，蓝色即便在淡化之后，依然能够维系其独特的个性。在蓝色中分别融入少量的红、黄、黑、橙、白等颜色时，这些新增的色彩元素并不会显著改变蓝色的整体性格特征。图 2–2–7 是以蓝色为主色调的自然色彩图，图中的蓝色透露出一种幽静之美，总能引人联想到广袤的天空，象征着一种幽静与祥和的氛围。图 2–2–8 是蓝色调的室内设计，它所传递的是一种宁静与平和的感觉。

图 2-2-5　以黄色为主色调的自然色彩图

图 2-2-6　黄色调的室内设计

图 2-2-7　以蓝色为主色调的自然色彩图

图 2-2-8　蓝色调的室内设计

四、绿色的心理表现

绿色是由黄色和蓝色两种成分融合而成的色彩。在绿色中，黄色的扩张性和蓝色的收缩性得到了平衡，同时，黄色的温暖与蓝色的寒冷也彼此抵消。这种独特的色彩融合，赋予了绿色平和与稳定的特质，使其成为一种象征着柔顺、恬静、满足和优美的颜色。图 2-2-9 是以绿色为主色调的自然色彩图，图中的绿色自然而然地让人联想到生机勃勃的春天，它是春天的代表色彩。图 2-2-10 是绿色调的室内设计，辅以纯洁的白色，营造出一种恬静而清爽的氛围。

图 2-2-9 以绿色为主色调的自然色彩图

图 2-2-10 绿色调的室内设计

五、紫色的心理表现

紫色在所有的彩色色料中，明度是最低的。这种低明度特性为紫色赋予了一种沉闷而神秘的感觉。图 2-2-11 是以紫色为主色调的自然色彩图，其中紫罗兰和薰衣草作为紫色的典型代表，展现出冷艳且高贵的气质。图 2-2-12 是紫色调的室内设计，图中的紫色流露出一种优雅与沉静，同时又不失神秘感。

图 2-2-11　以紫色为主色调的自然色彩图

图 2-2-12　紫色调的室内设计

六、白色的心理表现

白色给人一种光明、朴实的色感，它象征着纯洁与快乐。白色具有一种圣洁且不可侵犯的特质。然而，若在白色中混入其他任何色彩，都会对其纯洁性产生影响，使白色的性格变得更为含蓄。图 2-2-13 是以白色为主色调的自然色彩图。图 2-2-14 是白色调的室内设计，图中的白色彰显出一种洁净、淳朴、安静的氛围。

图 2-2-13　以白色为主色调的自然色彩图

图 2-2-14　白色调的室内设计

七、黑色的心理表现

黑色虽然在视觉效果上常被视作一种消极的色彩，但在实际应用中，其表现效果会因对比的不同而有所变化。若运用得当，黑色能展现出稳定、高贵与深沉的特质。作为一种出色的衬托色，黑色在与其他色彩组合时，能显著提升其他色彩的光泽感和色彩感。例如，红色与黑色的搭配流露出高贵的气质，而白色与黑色的组合则显得既朴素又分明，同时蕴含着深厚的意义。图 2-2-15 是以黑色为主色调的自然色彩图，而图 2-2-16 是黑色调的室内设计，彰显出沉稳与大气。

图 2-2-15　以黑色为主色调的自然色彩图

图 2-2-16　黑色调的室内设计

八、灰色的心理表现

从光学的视角来看，灰色恰好位于白色与黑色之间，因此被归入无彩色的范畴。而从生理学的角度分析，灰色对眼睛的刺激恰到好处，属于最不易引发视觉疲劳的色调。正因如此，人们对灰色的反应往往较为平和，它具有一定的情绪抑制作用。然而，灰色又是一种复杂的色彩，要调配出漂亮的灰色，常常需要优质的原料和精细的配制。这种色调能够给人留下高贵、精致、含蓄且耐人寻味的印象。图 2–2–17 是以灰色为主色调的自然色彩图，而图 2–2–18 是灰色调的室内设计，它带给人一种低调却不失高贵的感觉。

图 2–2–17　以灰色为主色调的自然色彩图

图 2–2–18　灰色调的室内设计

九、金色的心理表现

金色在工艺美术领域中也被称为中间色，它代表的是那些质地坚硬、表面平滑且反光能力极强的物体的颜色。这种色彩不仅具有显著的特征，同时也能起到良好的调和作用。具体来说，金色主要涉及金、银、铝以及塑料、有机玻璃等材料的固有色。其中，金、银等贵重金属的颜色往往给人一种辉煌、高级、珍贵且华丽的印象，而塑料、有机玻璃、电化铝等现代工业产品则更容易带给人一种时尚、气派的感觉。金色不仅装饰性强，其实用性也相当出色，因此在建筑装饰行业中得到了广泛的应用。图 2-2-19 是以金色为主色调的自然色彩图，而图 2-2-20 是金色调的室内设计。在这类设计中，金色往往代表着奢华与高贵。

图 2-2-19　以金色为主色调的自然色彩图

图 2-2-20　金色调的室内设计

第三节 色彩搭配方法与技巧

色彩在设计实践中扮演着举足轻重的角色。巧妙地搭配与结合各种色彩，能够营造出更为丰富多彩的视觉效果。将与设计作品相契合的色彩进行协调性的组合与搭配，将显著提升作品的整体表现力。

一、色调

1. 以明度为主的配色

明度即色彩的明暗程度，在绘画和设计作品中特指色彩的明暗色调。它主要表现为两种形式：一是以明度对比为主的单一色相色调，二是以明度对比为主的多色相构成色调。在实际描绘与设计过程中，创作者应遵循的总体原则是根据色彩的生理、心理效应及其象征意义进行色调的明暗处理和表现（见图 2-3-1、图 2-3-2）。

a）　b）　c）

图 2-3-1　以明度为主的色调

a）高明度色调　b）中明度色调　c）低明度色调

a）

b）

c）

图 2-3-2 以纯度为主的色调在室内设计中的应用

a）高纯度色调 b）中纯度色调 c）低纯度色调

（1）色彩以纯度对比为主构成的色调

色彩以纯度对比为主构成的色调见表 2-3-1。

表 2-3-1 色彩以纯度对比为主构成的色调

名称	含义
高纯度色调	高纯度色彩占画面的 70% 左右，称为高纯度色调
中纯度色调	中纯度色彩占画面的 70% 左右，称为中纯度色调
低纯度色调	低纯度色彩占画面的 70% 左右，称为低纯度色调
九小调	鲜强调、鲜中调、鲜弱调 中强调、中中调、中弱调 灰强调、灰中调、灰弱调

（2）色彩纯度三大色调的象征意义

色彩纯度三大色调的象征意义见表 2-3-2。

表 2-3-2 色彩纯度三大色调的象征意义

色彩纯度三大色调	积极的象征	消极的象征
高纯度色调	快乐、热闹、活泼、聪明	恐怖、凶险、刺激、残暴
中纯度色调	中庸、可靠、文雅、稳重	灰暗、消极、担心、脆弱
低纯度色调	耐用、超俗、安静、自然	突兀、模糊、悲观、灰心

2. 以色相为主的配色

在绘画的色调运用中，色相色调特指画面的整体色彩倾向，如红色调、蓝色调、黄色调、绿色调以及紫色调等。通常情况下，当画面的色彩倾向较为明确时，所使用的色彩也会相对更为纯净。

（1）类似色相对比色调

在十二色相环上，夹角处于 0° ~45° 之间的色彩对比被称为类似色相对比。运用

这种色彩对比所构成的画面，称为类似色相对比色调画面。其总体特征表现为和谐、雅致、优美、统一，见表2–3–3。图2–3–3展示了绿色调（在十二色相环上，这些绿色的夹角位于0°～45°之间）的类似色相对比色调。另外，图2–3–4至图2–3–6则分别展示了类似色相对比色调在室内设计领域的实际应用案例。

表2–3–3 类似色相对比色调

类似色相色调	画面效果
高纯度类似色相色调	没混入黑白灰状态下的相对纯净的色彩组合，画面清晰有量感、协调统一
中纯度类似色相色调	由于混入适量的黑白灰，画面柔和、雅致、温馨
低纯度类似色相色调	由于混入大量的黑白灰，调和感强，画面深沉、老练、成熟、和谐统一

a）

b）

c）

图2–3–3 类似色相对比色调

a）高纯度类似色相色调 b）中纯度类似色相色调 c）低纯度类似色相色调

图2–3–4 类似色相对比色调（绿色调）在室内设计领域的实际应用案例

图 2-3-5　类似色相对比色调（灰色调）在室内设计领域的实际应用案例

图 2-3-6　类似色相对比色调（粉色调）在室内设计领域的实际应用案例

（2）互补色相对比色调

十二色相环上夹角为 0° ~ 100° 的色相与 100° ~ 160° 的色相称为互补色相。互补色相的总体特点是使色彩显得鲜明、强烈，能够带来兴奋感，并且避免了单调性，见表 2-3-4。图 2-3-7 是红色调（十二色相环上夹角为 0° ~ 100° 的橙红色到紫红色）和蓝色调（十二色相环上夹角为 100° ~ 160° 的蓝色）画面的互补色相对比色调。图 2-3-8 至图 2-3-10 所示为互补色相对比色调在室内设计中的应用。

表 2-3-4　　互补色相对比色调

互补色相色调	色彩效果
高纯度对比色调	所参与的色彩都没有混入黑白灰，色彩属性纯度相对较高。色相明确，对比强烈，又不失统一
中纯度对比色调	所参与的色彩都混入适量的黑白灰，色彩属性纯度相对较低。调和感强、含蓄、沉着、冷静
低纯度对比色调	所参与的色彩都混入大量黑白灰，色彩属性纯度最低，色相含蓄、调和感最强、沉稳、稳定

a）　b）　c）

图 2-3-7　互补色相对比色调

a）高纯度对比色调　b）中纯度对比色调　c）低纯度对比色调

图 2-3-8　互补色相对比色调（紫粉和青黄）在室内设计中的应用

图 2-3-9　互补色相对比色调（紫粉和黄绿）在室内设计中的应用

（3）冷暖对比色调

色彩因冷暖属性的差异而形成的对比被称作冷暖对比。基于这种对比构建出的色调，称为冷暖对比色调。它大体上可以被划分为冷色调、中性微冷色调、中性微暖色调

图 2-3-10　互补色相对比色调（米黄和天蓝）在室内设计中的应用

和暖色调，如图 2-3-11 所示。其中，冷色调表现为蓝白色画面，带给人冰冻的感受；中性微冷色调则以青绿色为主，给人一种凉快的感觉；中性微暖色调的紫色画面则传达出微微的暖意；最后，暖色调的橙黄色画面则令人感受到炽热的温度，见表 2-3-5。

图 2-3-11　冷暖对比色调

a）中性微冷色调　b）冷色调　c）中性微暖色调　d）暖色调

表 2-3-5 冷暖对比色调

色调	色彩构成
冷色调	冷色占画面 70% 以上的色彩构成为冷色调
中性微冷色调	微冷色占画面 70% 以上的色彩构成为微冷色调
中性微暖色调	微暖色占画面 70% 以上的色彩构成为微暖色调
暖色调	暖色占画面 70% 以上的色彩构成为暖色调

二、明度

从本质上说，明度比较就是对黑、白、灰之间关系的探讨。在真实世界中，物体的明暗变化错综复杂。以静物为例，其明暗层次可从亮部到暗部依次划分为高光、灰、中灰、暗灰、次暗、最暗等。在绘画写生过程中，完全复制这些精细的明暗变化既不现实，也可能导致画面呆板无趣，丧失艺术感。更恰当的做法是根据绘画对象的特性，对画面的层次进行简化和归纳。具体而言，可以将画面大致划分为黑、白、灰三个层次，或者更细致地分为黑、深灰、中灰、浅灰、白等层次。这种概括性的处理方式反而能使画面的灰度更加丰富、有深度。但应注意，层次设置过细可能会使层次间的界限变得模糊，从而影响画面的层次感。此外，黑、白、灰色块在画面中的占比对画面的整体色调起决定性作用。若白色块占主导，则画面为亮调；灰色块居多时，画面为灰调；黑色块占比较大时，画面则属于暗调。

若以色彩的明度作为配色的核心思路，色彩中靠近白色一端的称为高调，靠近黑色一端的则称为低调，中间色调即为中调。在明度反差上，大的配色称为长调，小的配色称为短调，适中的则称为中调。

1. 高短调配色

以高调区域内的明亮色彩为主导色，再辅以与之略有差异的色彩进行搭配，便可营造出高调的弱对比效果。这种色调组合给人一种轻柔且优雅的感觉，具有鲜明的女性特质。例如，浅淡的粉红色搭配明亮的灰色和乳白色，或者米色与浅驼色、白色与淡黄色的组合，都非常适合用于设计轻盈的女士服装以及男士夏季服装。

2. 高中调配色

以高调区域的明亮色彩为主导色，同时结合中明度的色彩，可形成高调的中对比效果。这种配色方式所呈现的自然且明确的色彩关系，在日常着装中得到广泛应用。例如，浅米色搭配中驼色、白色配以中绿色，或者浅紫色与中灰紫色的组合等，都是此类配色的典型实例。

3. 高长调配色

以高调区域的明亮色彩为主导色，辅以明暗反差显著的低调色彩，可以构建出高调的强对比效果。这种配色方案给人清晰、明快、活泼且积极的视觉感受，同时具有强烈的视觉冲击力。典型的配色组合包括白色与黑色、月白色与深灰色等。

图 2-3-12 所示为高调的明度对比实例。在此图中，以色彩的明度作为配色的核心思路，高调区域的明亮色彩白色被选为主导色。其中，高短调配色以白色和淡黄色

搭配，采用与主导色略有差异的黄色进行调和；高中调配色则是白色与草绿色的组合，加入中明度的草绿色形成对比；而高长调配色则大胆地运用了白色和黑色的对比，黑色的低调与白色形成了鲜明的明暗反差，从而产生了强烈的视觉冲击。图 2–3–13 所示为高调的明度对比在实际设计中的应用场景。

图 2–3–12　高调的明度对比实例

a）高短调配色　b）高中调配色　c）高长调配色

图 2–3–13　高调的明度对比在实际设计中的应用场景

4. 中短调配色

以中调区域的色彩为主导色，辅以略有差异的色彩进行搭配，可以营造出中调的弱对比效果。这种配色方式呈现出一种含蓄而朦胧的美感。例如，灰绿色与洋红色的组合，或者中咖啡色与中暖灰色的搭配，都是这种配色方案的典型代表。

5. 中中调配色

以中调区域的色彩为主导色，同时搭配比中明度略深或略浅的色彩，可以构建出

适中的对比效果。这种配色方案既不过于强烈也不过于柔和，展现出稳定、明朗且和谐的特点。

6. 中长调配色

以中调区域的色彩为主导色，与高调色或低调色对比，可以营造出中调的强对比效果。这种配色方案丰富、充实，给人一种强壮而有力的视觉感受。常见的组合包括大面积中明度色与小面积的白色、黑色相对比，枣红色与白色相对比，以及牛仔蓝色与白色相对比等。

图 2-3-14 所示为中调的明度对比实例。该实例以色彩的明度作为配色的主要思路，并选择中调区域的灰暗色彩蓝色作为主导色。其中，中短调配色采用了蓝色和青色的组合，通过运用与主导色蓝色稍有差异的青色进行搭配；中中调配色则是蓝色与土黄色的结合，这里配以中明度的土黄色形成适中的对比；中长调配色则大胆地选用了蓝色和白色的对比，白色的明暗反差大，与蓝色主导色形成了中调的强对比效果。图 2-3-15 所示为中调的明度对比在实际设计中的应用场景。

a)　　b)　　c)

图 2-3-14　中调的明度对比实例

a）中短调配色　b）中中调配色　c）中长调配色

图 2-3-15　中调的明度对比在实际设计中的应用场景

7. 低短调配色

以低调区域的色彩为主导色，并搭配与之相近的色彩，可以营造出低调的弱对比效果。这种配色方案传达出一种沉着、朴素且略带忧郁的美感。例如，深灰色与枣红色、橄榄绿色与暗褐色的组合，都是这种配色风格的典型代表。在男性冬季服装中，这种色调搭配尤为常见，展现出稳重而浑厚的特质。

8. 低中调配色

以低调区域的色彩为主导色，同时辅以中明度的色彩进行搭配，可以形成低调的中对比效果。这种配色方案既庄重又强劲，非常适合用于男装以及女秋冬装的配色。典型的配色组合包括深灰色与土色、深紫色与钴蓝色，以及橄榄绿色与金褐色等。

9. 低长调配色

以低调区域的色彩为主导色，并搭配反差显著的高调色，可以形成低调的强对比效果。这种配色方案呈现出压抑、深沉且刺激性强的特点，具有爆发性的视觉冲击力。例如，深蓝色与本白色、深棕色与米黄色的组合都体现了这种效果。

图 2–3–16 所示为低调的明度对比实例。该实例以色彩的明度作为配色的核心思路，并选择低调区域的灰暗色彩深棕色作为主导色。低短调配色采用了深棕色和枣红色的组合，选用与主导色略有变化的枣红色进行调和；低中调配色则是深棕色与紫色的结合，配以中明度的紫色形成适中的对比；而低长调配色则大胆地运用了深棕色和粉黄色的对比，明暗反差大的粉黄色与深棕色主导色相互映衬，产生了强烈的视觉冲击。图 2–3–17 所示为低调的明度对比在实际设计中的应用场景。

10. 最长调配色

最长调配色特指黑白两种色彩以各占一半的比例进行搭配后形成的配色。这种配色方式色彩单纯，能产生极为强烈的视觉效果，具有尖锐而简洁的特性。这种手法常被设计师运用，展现出鲜明的视觉冲击力。图 2–3–18 所示为最长调的明度对比实例，图 2–3–19 所示为最长调的明度对比在实际设计中的应用场景。

a)　　b)　　c)

图 2–3–16　低调的明度对比实例

a）低短调配色　b）低中调配色　c）低长调配色

图 2-3-17　低调的明度对比在实际设计中的应用场景

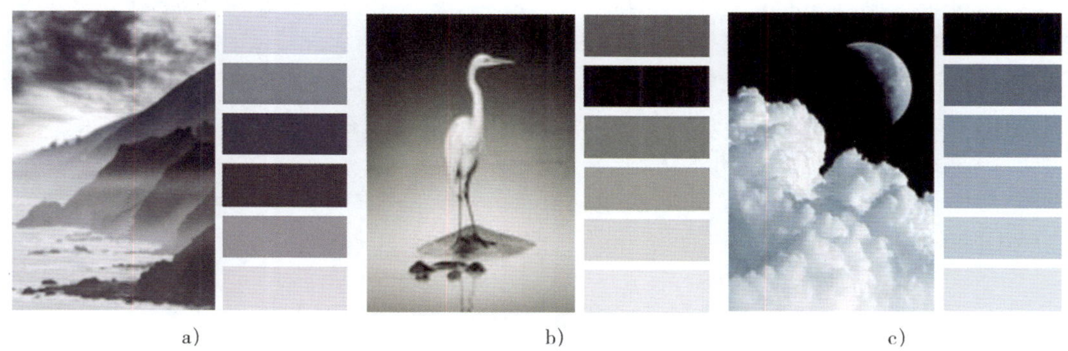

a)　　b)　　c)

图 2-3-18　最长调的明度对比实例

a）长短调　b）长中调　c）长长调

图 2-3-19　最长调的明度对比在实际设计中的应用场景

三、冷暖

色彩冷暖对比规律在色彩学中占据着举足轻重的地位，巧妙运用色彩进行表现的关键在于恰当处理冷暖关系。在写生色彩实践中，一般习惯于将十二色相环中左边蓝色区域的色彩归为冷色系，而将右边的色彩归为暖色系，如图 2–3–20 所示。画面色彩的冷暖不仅传达了深远的意境，更是创作者情感的直接体现。图 2–3–21 和图 2–3–22 分别展示了梵高的经典作品《星夜》和《向日葵》，这两幅画分别是冷暖两种色彩运用的典范。《星夜》中，梵高运用了两种截然不同的线条风格：一种是流畅弯曲的长线条，另一种是细碎急促的短线条。这两种线条的巧妙结合，使得整个画面呈现出一种炫目而奇幻的视觉效果。画面的主色调为蓝绿色，梵高通过连续不断、波浪般翻滚的笔触，生动地描绘了星云和树木的动态美。在他的细腻刻画下，星云和树木仿佛是一团熊熊燃烧的火焰，充满了无尽的生命力和强烈的表现力。

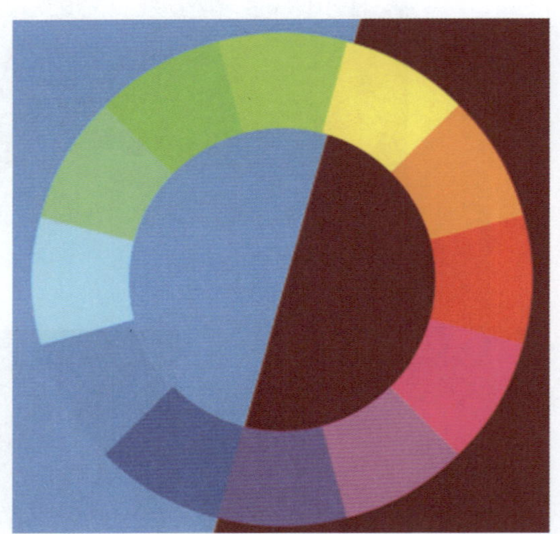
图 2–3–20　冷暖色系

图 2–3–21　《星夜》（梵高作）

图 2-3-22 《向日葵》（梵高作）

《向日葵》这幅画作于阳光明媚的法国南部，整个画面仿佛闪烁着熊熊的火焰，透露出炽热的激情。那旋转的笔触粗厚而有力，使得色彩的对比显得单纯而强烈。然而，在这粗犷与纯粹之中，却又蕴含着无尽的智慧和灵气。在梵高的笔下，向日葵不仅仅是一种植物，更是被赋予了原始冲动和热情的生命象征。

1. 冷暖色彩比较方法

在比较色彩的冷暖时，首先需要明确画面的黑、白、灰关系，并以此作为比较的基础。冷暖对比主要在相同明度的色层间进行，即白色块与白色块对比、灰色块与灰色块对比、黑色块与黑色块对比。

初学者在观察色彩冷暖变化时，常常会在明度不同的色块间进行错误的比较，这往往会导致混乱和被动。实际上，明度不同的色块通常无须进行冷暖比较。因为当色块或物象的明度不同且色相明确时，其冷暖变化已然清晰可辨，无须额外比较。而当色相差别不大时，冷暖之间的细微差异对画面整体色彩效果的影响微乎其微，因此也无须在此方面进行比较。

2. 色彩冷暖的相对性原则

例如，红色相对于蓝色而言属于暖色，但在红色系内部进行比较时，可以发现有些红色偏冷，有些则偏暖。事实上，任何一种颜色都存在冷暖的差异性。在理解这一原则后，便能更好地理解绘画过程中如何在暖色物体上表现冷色。这里的关键并不在于所使用的颜色本身是否属于冷色，而在于它相对于固有色是否呈现出一种偏冷的感觉。反之，该原则也适用于在冷色物体上表现暖色。

在静物画中，创作者可以运用色彩使亮部呈现冷色调，而暗部则呈现暖色调。这种冷暖对比能够相互强化各自的色彩效果。例如，当冷暖倾向不明显的灰色放置在红色旁边时，它会显得冷；而如果放在蓝色旁边，则会显得暖（见图 2–3–23）。因此，在强烈的色彩对比中，巧妙地运用灰色可以使画面效果更佳，突出冷暖色的特性，并丰富画面的色彩层次。

图 2–3–23　冷暖对比

a）灰色显暖　b）黄色显冷

在运用冷暖色（即补色）时，还需要注意色块的面积配置。以红色和绿色这对补色为例，将相同大小的红色和绿色色块并置可能会显得不协调。然而，如果调整它们的面积比例，比如增大绿色的面积而减小红色的面积，或者调整它们的色度，画面就会呈现出更为和谐的效果。这正是“万绿丛中一点红”所体现的美学原则，既避免了媚俗，又增添了画面的亮点。

从色彩的冷暖属性来看，有些色彩的冷暖区别相当明显。例如，浅绿色、蓝色和紫色被归类为冷色（见图 2–3–24），而黄色、红色和橙色则属于暖色（见图 2–3–25）。然而，也有一些色彩的冷暖差异较为微妙，比如黄绿与蓝绿、红紫与青紫等。值得注意的是，每一种色彩都蕴含着冷暖的元素或倾向。冷暖对比实质上也就是补色对比。具体来说，三原色中的黄色与紫色（由红色和蓝色混合产生）、红色与绿色（由黄色和青色混合产生）、蓝色与橙色（由黄色和红色混合产生）均构成了补色对比关系。当冷色与暖色相邻时，它们会相互映衬，使得各自的颜色更为鲜明。

a)

b)

c)

图 2-3-24　冷色

a）浅绿　b）蓝色　c）紫色

a)

b)

c)

图 2-3-25 暖色

a）黄色 b）红色 c）橙色

1. 明度推移构成练习。此练习需先选定一种单色作为起点，然后通过逐步添加白色或黑色，形成一系列明度上的渐变变化。

2. 色相推移构成练习。在这个练习中，学生应以色相环上的色彩为基准点，通过在全色相、半色相或 1/4 色相之间进行转换，实现色相的渐变效果。

3. 纯度推移构成练习。开始时，先选定一个纯色，接着逐步混入与该纯色明度相近的灰色，通过不断的混合和调整，形成一系列的纯度变化。

4. 整体色重构练习。这一练习要求全面采集图 2-4-1a 中的色彩，并从中挑选出典型且具有代表性的色彩进行重构。重构后的色彩应既能保留原物象的色彩感觉，又能带来新颖的视觉体验。在重构过程中，由于比例不受限制，可以选择不同面积的代表色作为画面的主色调，整体色重构的示例如图 2-4-1b、c 所示。

a）

b）

c）

图 2-4-1　整体色重构

a）例图　b）重构示例 1　c）重构示例 2

5. 色彩情调重构练习。要求如下：针对同一物象进行色彩采集，如图 2-4-2a 所示，然后从新的视角理解和认识这些色彩，这实际上是一个再创造的过程。这种方式可以实现多种不同的色彩情调重构效果，如图 2-4-2b、c 所示。

a）

b）

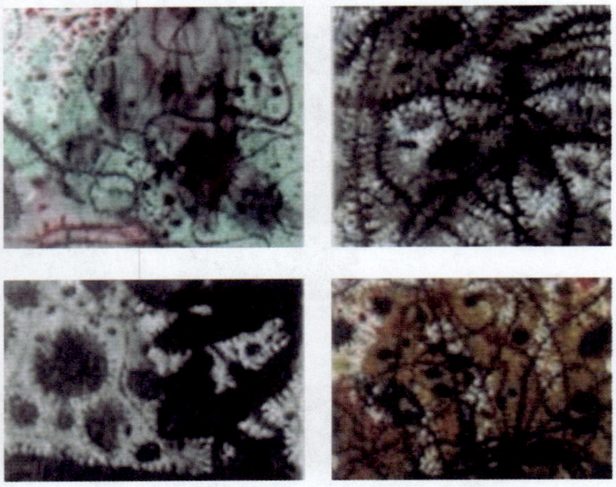

c）

图 2-4-2 色彩情调重构

a）例图 b）重构示例 1 c）重构示例 2

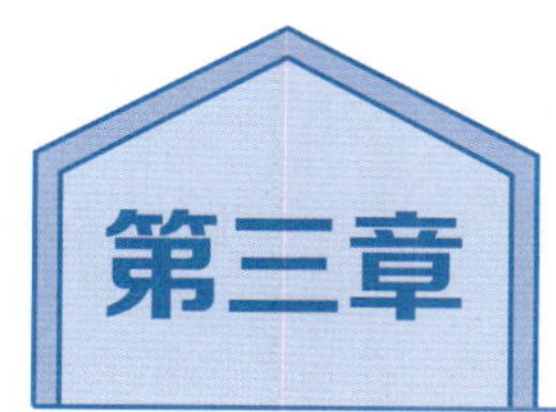

第三章 平面构成

学习目标

掌握平面构成主要元素点、线、面的性质；熟悉单元和骨格的平面构成基本法则，掌握如何赋予构成元素秩序；了解构成在建筑装饰材料和肌理视觉效应中的应用，形成点、线、面的综合应用能力。

构成艺术是通过视觉元素的精心组合创造新颖图形和独特视觉体验的艺术过程。它要求创作者深入领会并运用设计造型的原理、法则和方法。在此过程中，创作者借助形体、空间、位置、面积及肌理等多元素在空间和质与量上的可变性，依据一定的设计准则，将这些元素进行有序融合，打造出全新的平面视觉感受。构成艺术既是艺术设计领域的重要基础理论，也为现代视觉传达艺术设计奠定了坚实基础。

构成艺术教学实践主要研究在平面设计中，如何运用点、线、面等基础元素探索造型及其构成法则，旨在培养学习者对现代图形的创新能力和审美鉴赏力，同时也强调对传统文化、审美理念和时代风貌的感悟与训练。

第一节 构成形式与规律

点、线、面作为构成艺术的基础元素，能够以简洁的方式有效地提炼和表达复杂的平面视觉信息。但需要明确的是，构成艺术中的点、线、面概念与数学中点、线、面的定义存在差异。在构成艺术的语境下，这些元素是具体且有形的，它们不仅具有大小、粗细、形状等物理特性，还包含了动态和虚实等视觉感知属性。例如，设计中一段流畅的文字排列或一系列连贯的图片，由于它们的连续性和方向性，都可以被视作是线性的表达。

此外，点、线、面的界定并不是绝对的，而是在相对的比较中产生的。以字母“A”为例，其属性会根据周围图形元素的大小和比例而有所变化。若周围的元素尺寸较大，“A”则可能被视为一个点；相反，若周围元素尺寸较小，“A”则可能被视为一个面。

一、点

自然界中的众多事物，如星星、水珠、翱翔的风筝、远方的船只、草原上的马匹，它们往往以点的形态展现在人们视野中，给人留下难以忘怀的印象。点的感知是相对的，其特性会随着周围环境的变化而有所差异。相较于周围的造型元素，如形状、方向、尺寸、位置等，点能够产生多样化的视觉与心理效应。不同于数学中无尺寸的抽象点概念，构成艺术中的点具有明确的形状和大小。此外，这些点在空间中的分布间距和位置不同，会创造出截然不同的视觉体验。

点的形状、大小、距离、位置分别如图 3–1–1 至图 3–1–4 所示。

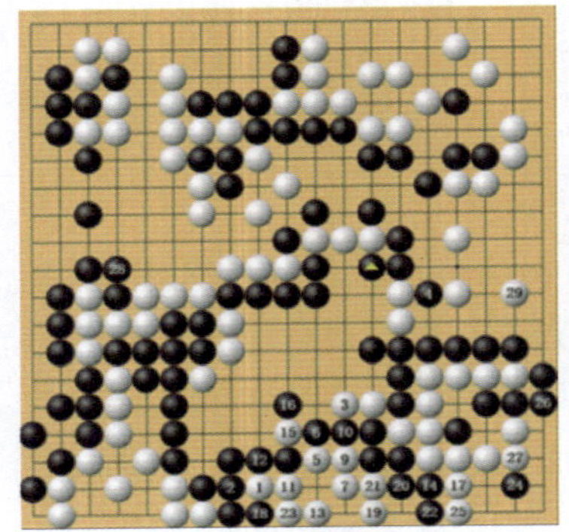

图 3–1–1　点的形状

图 3–1–2　点的大小

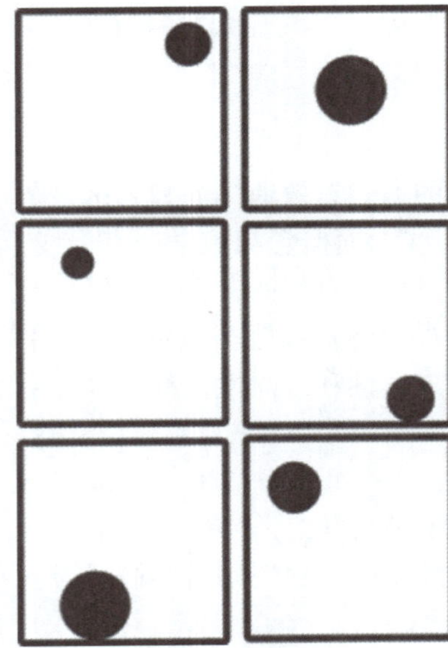

图 3–1–3　点的距离

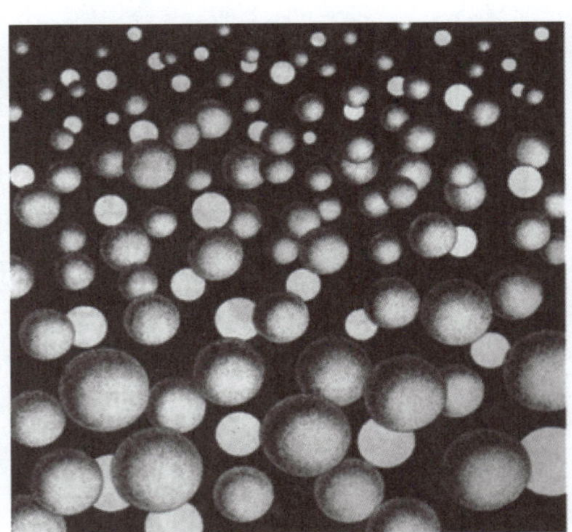

图 3–1–4　点的位置

当点连续排列时，可以形成线的视觉效果；而当这些排列的点向各个方向扩散时，则可呈现出面的形态。点的密集程度与其形成线、面的感觉成正相关，即密集度越高，形成的线、面感觉就越显著、越强烈。图 3-1-5 展示了点的几种变化形式。其中，图 3-1-5a 描绘了点如何形成发射状的线条，图 3-1-5b 展示了同心圆式的扩散效果，而图 3-1-5c 则在视觉上呈现出由点构成的不同颜色的面状效果。

a）

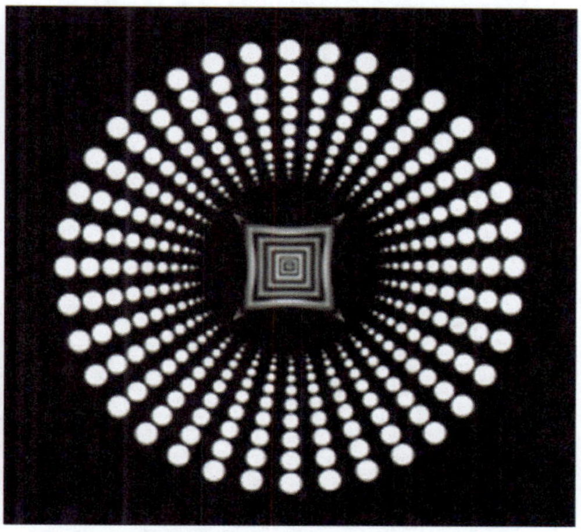

b）

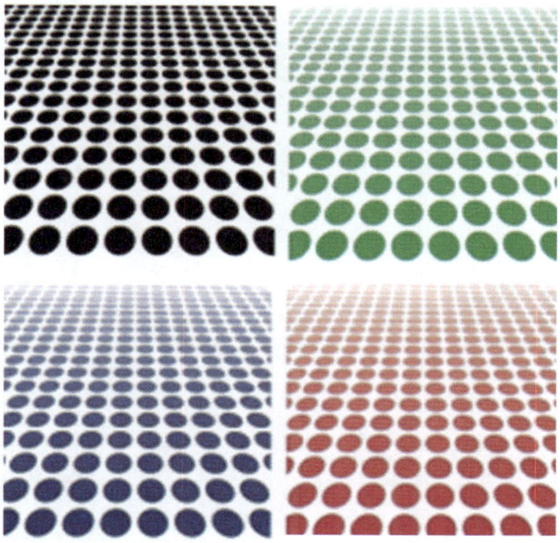

c）

图 3-1-5　点的几种变化形式

a）点形成线　b）点的扩散　c）点形成面

二、线

线作为点移动的轨迹，在几何学中具有长度、方向和位置的特性。然而，在平面构成的语境下，线不仅保留了这些几何特征，还融入了厚度的要素。每一种线条都拥有其独特的个性和情感表达，从而为设计带来丰富多样的视觉效果和深层的心理感受。

1. 线的基本类型

（1）直线

两点间最短的连线即为直线。直线传递出阳刚的气质，它象征着果断、理性和坚定。当直线呈水平方向时，会带给人开阔、平静与安定的感受；而垂直方向的直线则激发出蓬勃向上和崇高的情感；斜向的直线则传递出一种动荡和迅速运动的感觉。图 3–1–6a 所示为直线图像，其中通过直线的交错排列，产生了一种图像在运动和弯曲的错觉。

（2）曲线

曲线大致可划分为几何曲线和自由曲线两种类型。曲线赋予人柔软、流畅、活泼、浪漫以及强烈的动感，它象征着丰满与优雅，具有女性的特质。几何曲线是由圆弧、抛物线等遵循数理规律的曲线连接并变化而来，这种曲线易于识别和复制。图 3–1–6b 所示为曲线图像，其流线型的结构充满了动感的变化，极好地体现了节奏感。

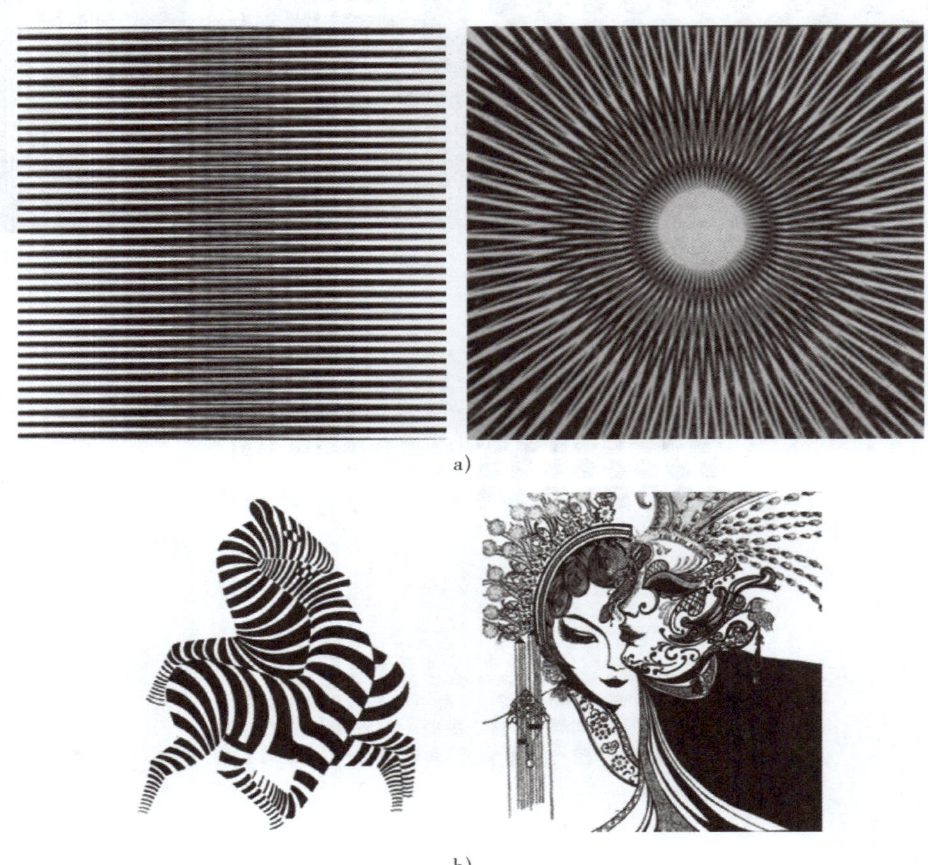

a）

b）

图 3–1–6　直线和曲线

a）直线图像　b）曲线图像

2. 线的特性

线条具有方向性、流动性和延续性等显著特点，能够引发人们对空间深度和广度的感知。线条的集合与排列可以营造出渐变空间和矛盾空间的视觉效果。长线与短线

的比例对比会产生不同的远近感受；长度相同但粗细不同的线条，粗线给人更近的感觉，而细线则产生后退的错觉。对于同一条线条，其头尾粗细的变化还会营造出远近的空间透视感。此外，线条的方向渐变排列和相交排列能构成放射旋转的图形，如同心式放射产生向心凝聚力，离心式放射则如太阳光芒四射，有效扩充版面视线。直线与曲线的巧妙结合更能展现动感节奏与刚柔并济的美感。在表现高速运动时，现代设计往往倾向于选择直线。

线条的自由分割性赋予了版面独特的造型魅力。这种分割方式不受传统框架束缚，展现出极高的灵活性，从而使得平面设计能够别出心裁。只需一根线条，便能轻易地将版面一分为二，塑造出两种截然不同的形态。若进一步持续分割，还能促进平面元素的重新组合，进而生成全新的视觉秩序。举例来说，蒙德里安便巧妙地利用长度和比例各异的垂直线与水平线划分画面，由此创造出了众多大小不一、形态各异的方块图案。如图 3–1–7a 和图 3–1–7b 所示，这两幅作品均充分展示了蒙德里安在线条比例分割上的精湛技艺和深邃思考。

a)　　　　b)

图 3–1–7　构成（蒙德里安作）

a）线围合成面　b）线的交错

三、面

面的形态具有丰富多样的特点，与点和线相比，面所呈现的空间感更为强烈。在平面设计领域，块面因其延展性而带给人一种稳定且充实的视觉感受。从造型设计的演变来看，现代设计的造型基石是几何形态，即便涉及自然形态，也会将其转化为几何形态来处理。因此，在平面构成中，面并非感性的形态，而是基于理性的构造。由面所构成的艺术形态，常常带有一种音乐般的节奏感和韵律。此外，面在平面构成中还展现了诸如均等、沉重、脆弱、硬直、挺拔、锐利、钝拙等多种性质，如图 3–1–8 至图 3–1–14 所示。

图 3-1-8　具有肌理效果的面（陈泽华作）

图 3-1-9　面的错视产生双重图案效果

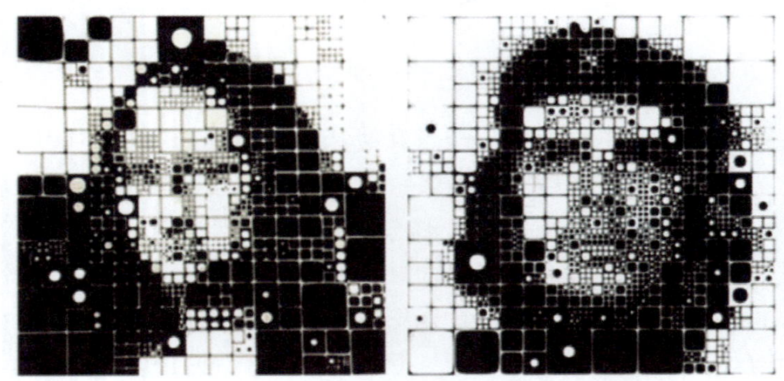

图 3-1-10　密集的点形成虚幻的面

图 3-1-11　交错的面形成千变万化的效果

图 3-1-12　交错的线形成虚拟的面

图 3-1-13　高低错落的面形成节奏感

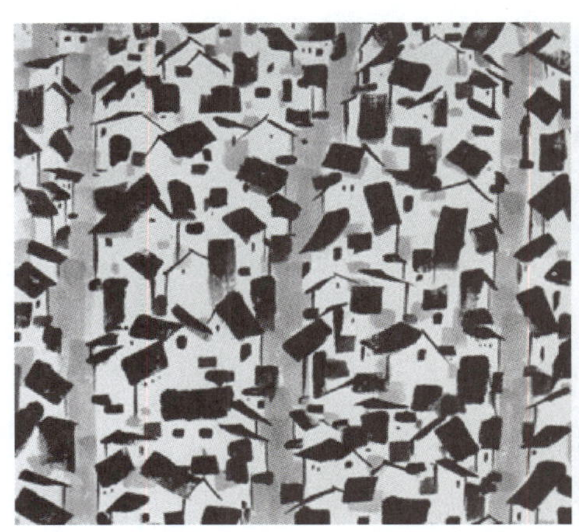

图 3-1-14　吴冠中的中国画里展现面的节奏感

1. 几何形

面可以分为几何形和自由形两大类。其中，三角形、方形和圆形是几何形的基本形式。在进行构成设计时，创作者需要确保这些形状之间整体的和谐，创造出具有美感的视觉形式。

（1）三角形

三角形带给人一种坚实而稳定的感觉。以埃及金字塔为例，其每一个面都采用了三角形的设计，如图 3–1–15 所示，这种设计使得金字塔显得尤为稳固而庄重。

（2）方形

方形赋予人一种厚重、结实、大方、坚强与深沉的感受。以雅典神庙为例，其方形的设计展现了空间的稳定性，如图 3–1–16 所示，这种设计凸显了方形的庄重与稳固特质。

图 3–1–15　埃及金字塔

图 3–1–16　雅典神庙

（3）圆形

圆形带给人一种充实、柔和与圆滑的感觉。以古罗马斗兽场为例，其采用了圆形的观众席设计，如图 3–1–17 所示，这样的设计不仅确保了观众视线的均匀分布，更在视觉上赋予了整个建筑一种和谐与统一的美感。

2. 自由形

自由形能够更充分地展现个性，因此最能引发创作者的兴趣。以万里长城为例，它蜿蜒穿梭在崇山峻岭之间，走向随着地势的变化而灵活调整，如图 3–1–18 所示。这种设计不仅体现了中华民族的韧性，也展示了自由形在建筑设计中的独特魅力。

图 3–1–17　古罗马斗兽场

图 3–1–18　万里长城

第二节 骨格与单元构建

现代平面构成的形式大致可以划分为两大类：一类为有序形式，另一类则是打破常规的创新形式。不论是哪种形式，它们都使得几何图形在规律性量变的基础上发生转变，从而将单个图形元素聚合形成一种高度集中的设计布局。

一、骨格

骨格是构成图形的基本框架和组织结构。它的功能在于使形状得到有序编排，或在感觉上经过有组织的程序呈现。简而言之，骨格的核心意义在于掌控整个设计的秩序，并确定各个形象在设计中的相互关系。

在平面构成中，几何形状的视觉美感主要源于形状的组合方式、结构特点以及骨格的精巧构造。几何纹的骨格类似于建筑中的柱梁和钢筋，构成了整个设计的基础和支撑结构。值得注意的是，单个形状和骨格在平面构成中是两个紧密相连的元素。几何形状的骨格可以进一步细分为以下三大类。

1. 古典几何骨格

古典几何骨格主要由经纬线构成。将每个方格的对角线进行串联之后，便会形成三角形，进而构建出“米”字格的几何框架。古典骨格的演变以线条作为基础，从方形骨格逐渐发展成三角形骨格，进而衍生出多样化的网状骨格结构，如图 3–2–1a 所示。其特点可以归纳为以下几点：

（1）几何形状：主要采用圆形、方形、三角形等基本几何形态。

（2）对称与平衡：设计中融入了一定的对称与平衡感，使整体视觉效果更加和谐。

（3）比例关系：严格遵循特定的比例原则进行设计，如黄金比例等，实现视觉上的美感和协调性。

（4）规律性：整体设计呈现出一定的规律性和重复性，增强了作品的节奏感和统一感。

2. 有秩序的骨格

有秩序的骨格依据特定的数理逻辑，以有规律、有秩序的方式排列。它涵盖了诸如重复、向心、渐变、发射等多种构成手法，如图 3–2–1b 所示。其特点主要体现在以下方面：

（1）规律性：骨格中存在着清晰明确的规则和排列模式。

（2）系统性：构成骨格的各个部分之间是相互关联、协调一致的，共同形成一个完整的系统。

（3）组织性：骨格中的元素都是按照一定的方式和顺序有序排列的，展现出高度的组织结构。

3. 自由骨格

自由骨格也称为非规律性骨格，它依据设计者的意图对单形进行精妙的布局，虽无明显的规律，但内在却蕴含条理，常运用密集、对比、变异等构成手法，如图 3–2–1c 所示。

明骨格在完成构成后能够清晰地被辨识，其骨格形态在设计中占据了主导地位。与明骨格相反，暗骨格在视觉呈现上并不显著，其中单形的变化更为引人注目。在构成设计中，有时会同时采用多种骨格，这被称为多骨格设计。在实施多骨格设计时，必须深思熟虑单形的运用，同时骨格的规律也可以通过单形的创新应用来打破，从而创造出别具一格的新设计。

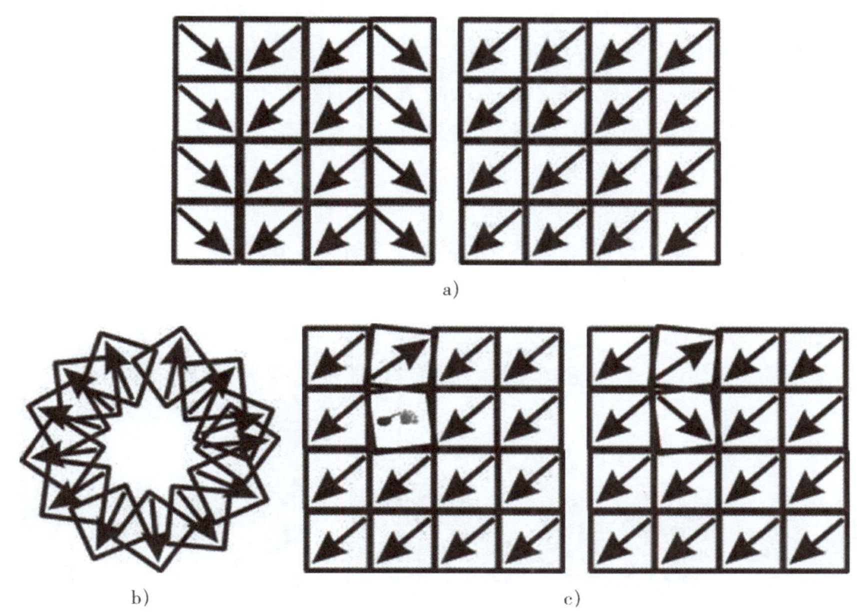

图 3-2-1　几何形状的骨格

a）古典几何骨格　b）有秩序的骨格（发射）　c）自由骨格（变异）

图 3-2-2 展示了单元变棱形的示例。在骨格中，每一个单元都代表了形象的活动范围，因此，所有的形象都可以在骨格内按照一定的设计逻辑进行位置和方向的调整。例如，图 3-2-3 就演示了单元方形按 45° 摆放的情况。

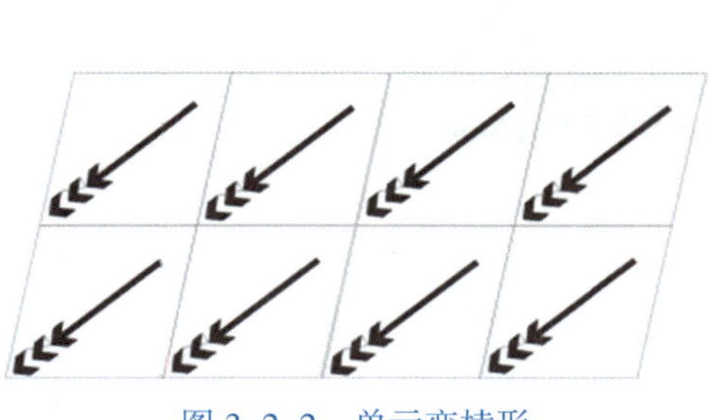

图 3-2-2　单元变棱形

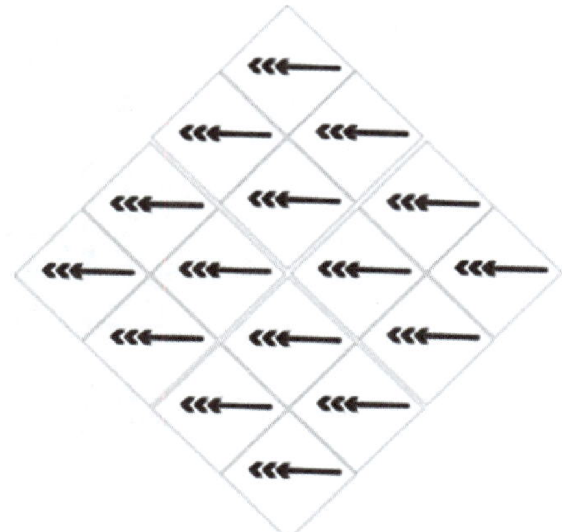

图 3-2-3　单元方形按 45° 摆放

二、单元构建

1. 单元与骨格的关系

单元是构成设计中的基本元素，它可以是一个点、一条线或一个面，抑或是这三者的任意组合。将点、线、面以不同方式结合，如点线结合、线面结合、点面结合，或是三者共同组合，可以创造出无数新颖独特的图形，从而极大地丰富了视觉语言的表达。单元的各种属性，包括大小、数量、在画面中的位置、方向、表面肌理以及色彩等，都可以变化和调整。这些变化不仅能为平面设计带来动感和空间感，还能使画面呈现出强烈的视觉冲击力。单元如图 3-2-4a 所示。

骨格在设计中起着至关重要的作用，它使得各个单元能够有序地排列，最终形成一个和谐统一的整体。这种关系可以类比于书法练习中的汉字与田字格的关系。在初学书法时，学习者需要在田字格中工整地书写每一个汉字，确保字迹整齐和规范。而当学习者熟练掌握书法技巧后，便可以摆脱田字格的束缚，自由地书写草书。同样地，在设计中，单元和骨格的关系也经历了从依赖到自由的过程。如图 3-2-4b 所示，骨格为单元提供了有序的框架，而单元则在这个框架内发挥着创造力和变化性。

a）

b）

图 3-2-4 单元和骨格的关系

a）单元 b）骨格构成

所有事物的发展过程都遵循着一定的秩序，当这种秩序在视觉层面得到体现时，便形成了一种独特的秩序美。在构成设计中，单元与骨格的相互作用正是秩序美的具体表现。图 3-2-5 展示了单元重复构成的实例，从中可以清晰地看到秩序美的呈现。值得一提的是，中华民族很早就领悟并运用了这种设计技法。例如，我国古代青铜器上的精美纹理，就充分展现了古代工匠对这种秩序美的精湛把握，如图 3-2-6 所示。

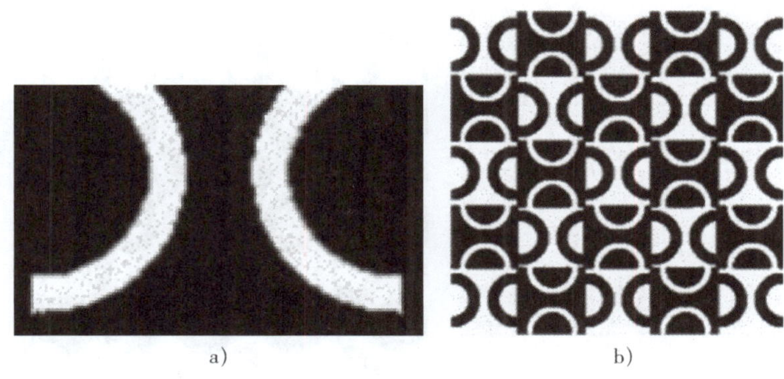

a)　b)

图 3-2-5　单元重复构成的实例

a）单元　b）单元的重复

a)　b)

图 3-2-6　我国古代青铜器及其表面构成

a）青铜器外观　b）器皿表面的构成

2. 单元构建的方式

（1）重复

重复是构建秩序感最为简洁有效的方式，同时也是形成节奏运动的基础。当相同的形状以固定的间隔反复出现，或者重复运用相同的单一元素，如肌理、方向、色彩等，便构成了一种基础且明晰的节奏形式。若是在形状、大小、间距、方向、色彩或肌理等多个要素上进行反复的变化，则会形成更为复杂的节奏形式。图 3–2–7a 和图 3–2–7b 所示为通过连续且有规律的重复变换，形成了各异的节奏形式，营造出一种富有韵律的节奏感。

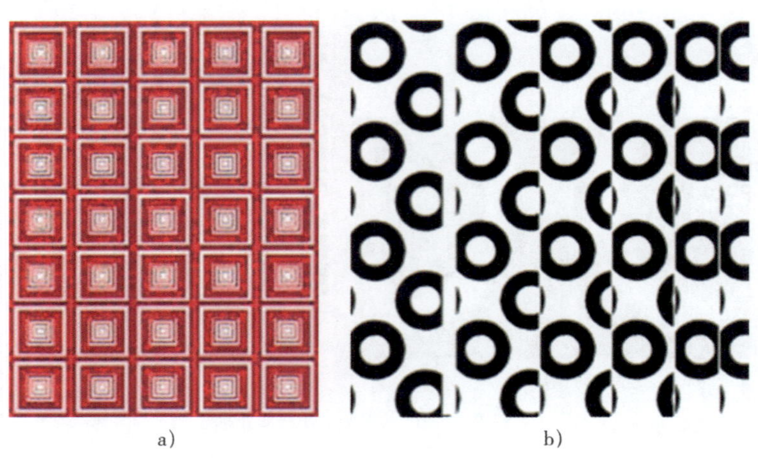

a）　　b）

图 3–2–7　重复

a）单元重复　b）不完整的重复

重复的变化方式丰富多样，例如，单元可以按 45° 摆放，单元之间可以重叠或交错，单元的方向可以变化，还可以采用梅花间竹的排列方式等。这些变化方式如图 3–2–8 至图 3–2–12 所示，展示了重复的多样性和灵活性。

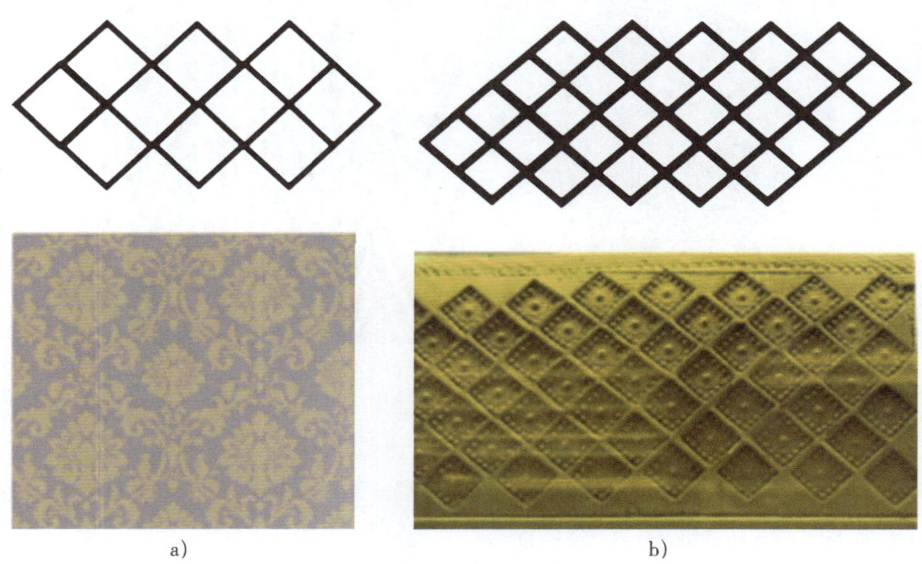

a）　　b）

图 3–2–8　单元按 45° 摆放

a）单元 45° 的例子　b）汉代陶土的表面构成

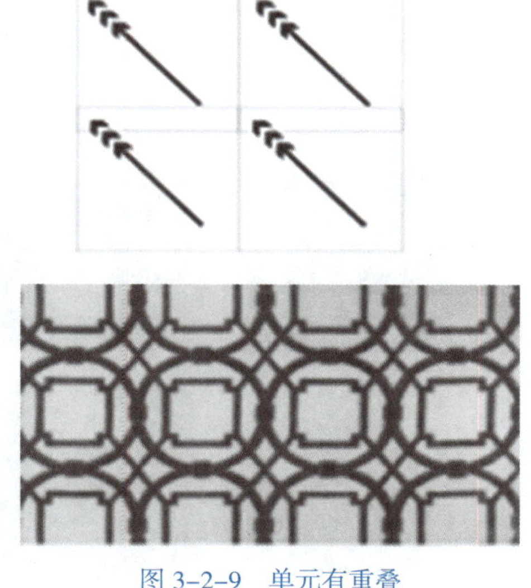

图 3-2-9　单元有重叠

图 3-2-10　单元有交错

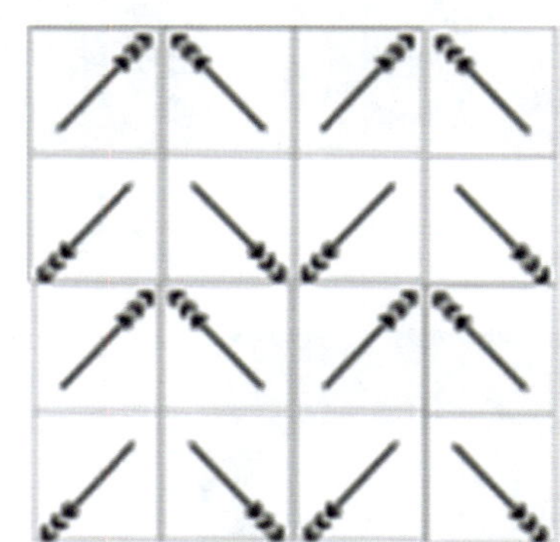

图 3-2-11　单元方向变化

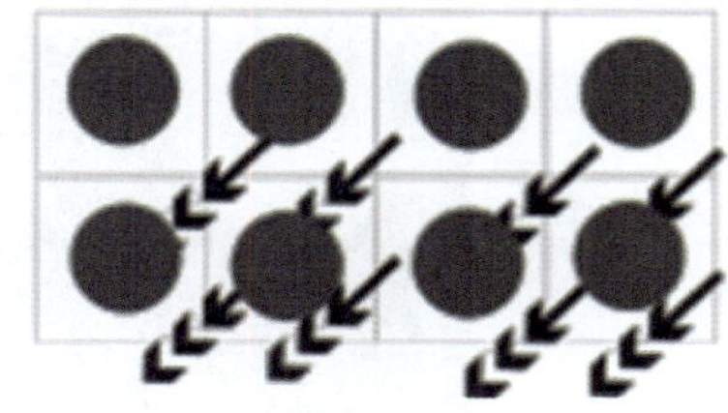

图 3-2-12　单元采用梅花间竹的排列方式

（2）渐变

纹样变化有两种主要方式。一种是纹样层层向外扩展或向内收缩，在此过程中纹样逐渐变大或逐渐缩小，同时从稀疏到密集或从密集到稀疏渐变；另一种是同一单形或复形反复变化，可以保持间距不变而形状变化，或者形状不变而间距变化，甚至形状和间距同时变化，从而创造出优美的节奏感，如图 3-2-13 所示。图 3-2-14 至图 3-2-17 所示分别为单元渐变、形状渐变、大小渐变、骨格渐变。

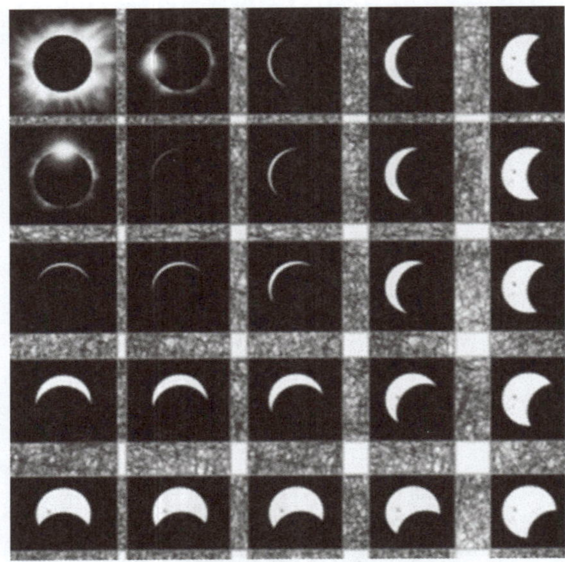
图 3-2-13　渐变

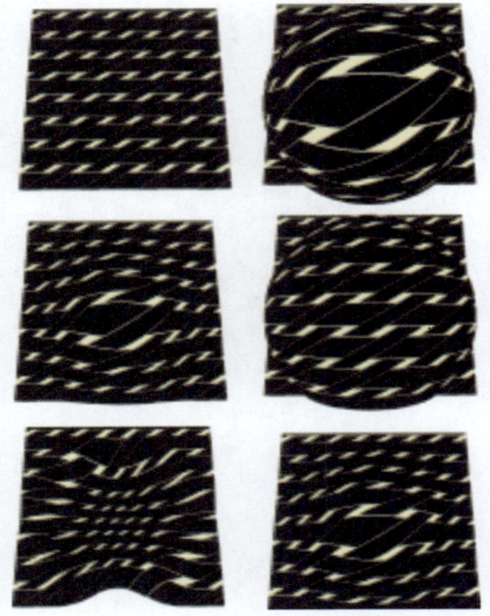
图 3-2-14　单元渐变

图 3-2-15　形状渐变（学生作品）

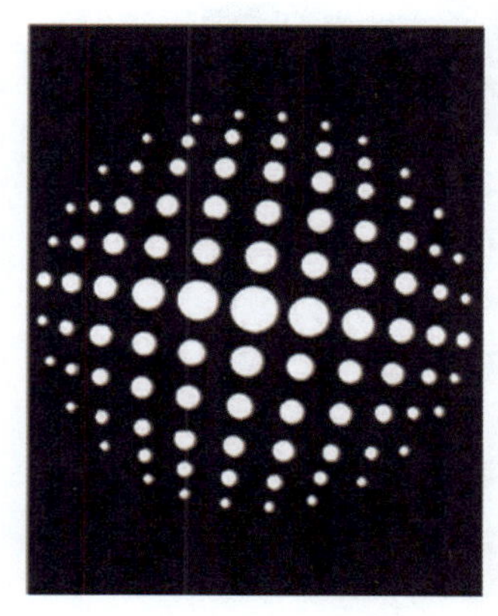
图 3-2-16　大小渐变（学生作品）

图 3-2-17　骨格渐变（学生作品）

（3）密集

密集作为对比的一种特殊表现形式，通过数量的多少塑造画面中的疏密、聚散以及虚实等空间关系。在进行密集构成时，创作者应特别关注元素位置的变动、数量的调整以及方向的改变，并从骨格中探寻和体现其内在的规律性。图 3-2-18 至图 3-2-20 展示了不同图形通过各方向上的聚散安排所产生的独特视觉效果，图 3-2-21 描绘了以点为中心的密集构成，而图 3-2-22 则展示了以线为中心的密集构成。

（4）扩散

扩散现象类似于在平静的湖面上投掷一颗小石头所激起的层层涟漪，它会在一定范围内有规律地向外扩展，如图 3-2-23 所示。在组织结构上，扩散的骨格与发射有一定的相似性，这种相似性常常会产生辐射状的视觉效果，如图 3-2-24 所示。

图 3-2-18　花艺密集（一）

图 3-2-19　花艺密集（二）

图 3-2-20　密集

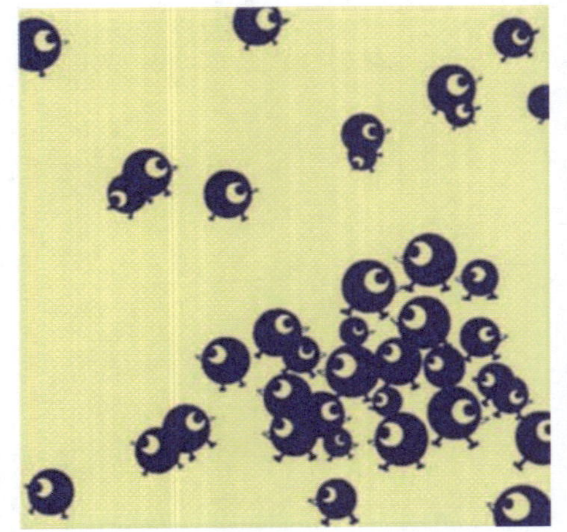

图 3-2-21　以点为中心的密集构成（学生作品）

图 3-2-22　以线为中心的密集构成（学生作品）

图 3-2-23　扩散

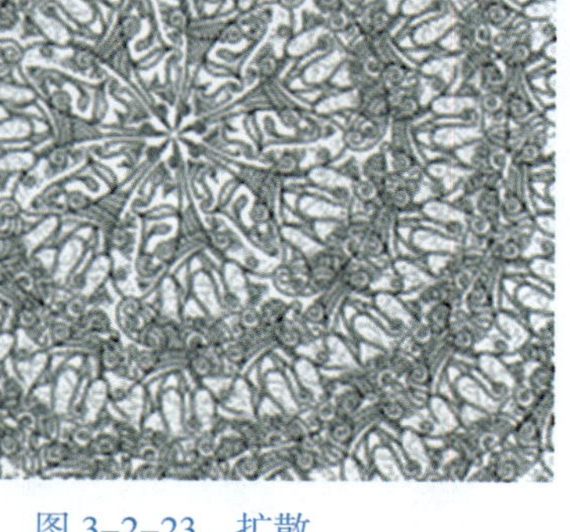

图 3-2-24　扩散产生的辐射状的视觉效果

（5）发射

发射构成具有明确的中心点，并由此向外发射。图 3-2-25a 展示了发射的构成方式，而图 3-2-25b 则描绘了发射骨格的结构。在进行发射构成作业时，需要特别注意发射中心与各个单形之间的直接或间接联系。当从一个中心发射点增加至 2～3 个中心发射点时，放射线会交错，从而产生极为丰富的变化，如图 3-2-26 所示。根据骨格纹理的不同，发射可以分为层次式发射、向心式发射和离心式发射等多种类型，如图 3-2-27 至图 3-2-29 所示。

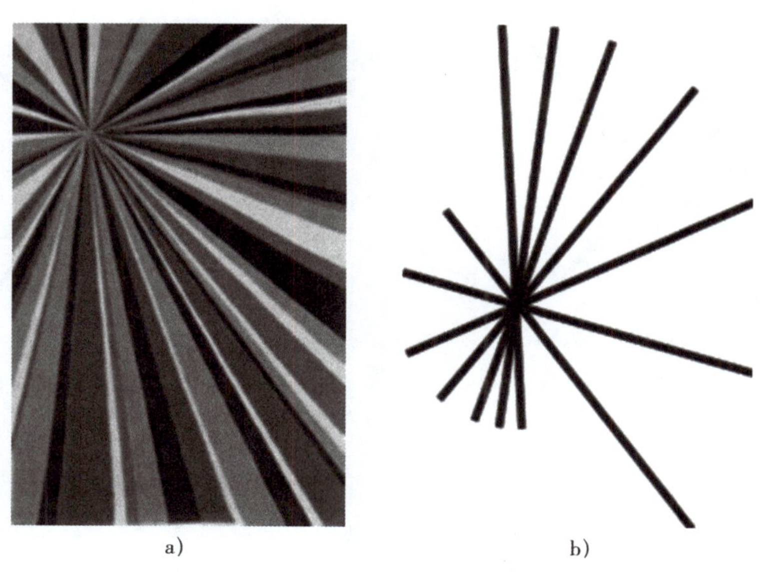

a）　　b）

图 3-2-25　多心式发射（学生作品）

a）发射的构成方式　b）发射骨格的结构

图 3-2-26　发射的各种变化

图 3-2-27　层次式发射

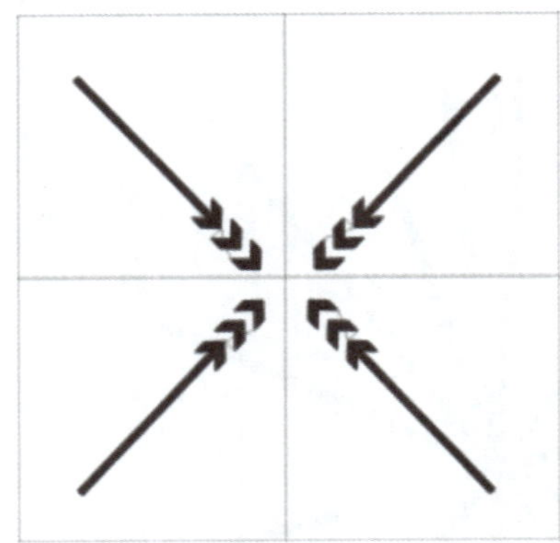

图 3-2-28　向心式发射

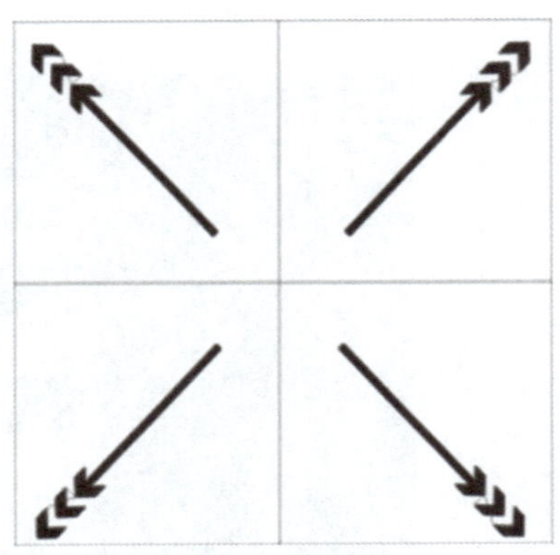

图 3-2-29　离心式发射

（6）变异

变异是对既有规律的打破，表现为整体效果中的局部突变。这种突变点常常会成为整个版面的视觉焦点，吸引人们的注意。例如，在图 3-2-30 中，第一排中间的卷角因变为红色而引人注目。

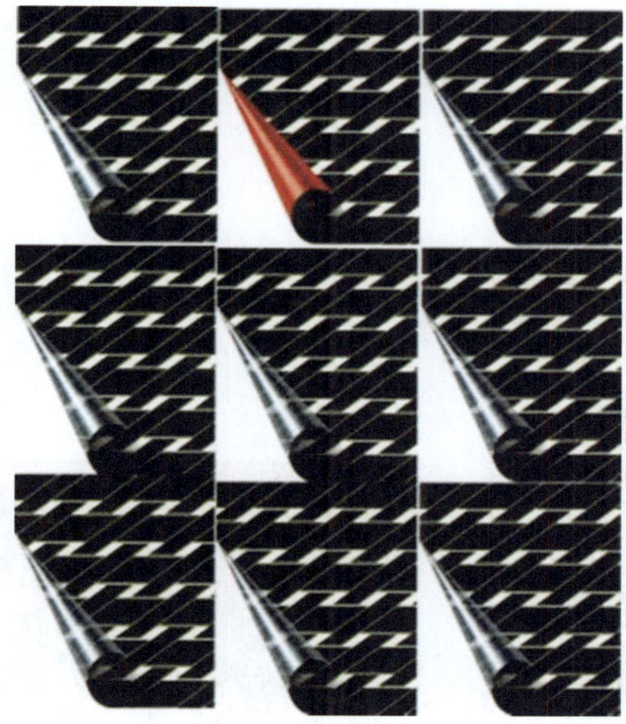

图 3-2-30 变异

（7）矛盾空间

在二维平面上创造出三维空间的错觉，已成为现代艺术中的一种趋势，这使得二维与三维之间的界限愈发模糊。这种设计理念对构成艺术产生了深远的影响。为了实现这种错觉效果，创作者会刻意构建矛盾的结构和空间关系。这些图形所展现的立体结构虽然能在平面上得以表现，但在真实的三维空间中却并不存在。它们构建了一种非现实、源自想象的心理空间。随着观察角度的变化，这些形态也会随之发生改变。在三维空间中，通常需要改变观察角度才能看到的不同面貌，在这些矛盾空间中却能够同时呈现，从而产生一种视觉上的悖论。这种独特的空间关系常被用来传达幽默感或表达某种深刻的思想。

荷兰艺术巨匠埃舍尔的作品就是这种艺术手法的典范。在他的作品中，“蚂蚁”和“骑士”被描绘成只能在一个循环的路径上不断往返，这在现实世界中是不可能实现的场景，如图 3-2-31 所示。

在实际应用当中，创作者往往会综合运用多种纹样和构成手法达到预期的设计效果。图 3-2-32 展示了埃舍尔的杰作。在图 3-2-32a 中，大雁与麦田通过巧妙的重复渐变手法，使得地面与天空的界限变得模糊，这种效果的形成离不开骨格的精妙运用。从麦田到大雁的流畅转变，骨格在其中扮演了至关重要的角色。而图 3-2-32b 则呈现了鱼与鸟之间的互相转化，其中构成骨格的变化衔接得如此自然，仿佛天衣无缝。

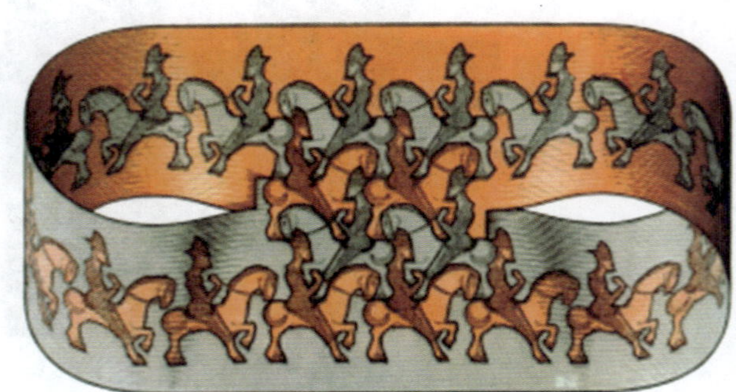

图 3-2-31　埃舍尔的矛盾艺术

a)

b)

图 3-2-32　构成作品（埃舍尔作）

a）大雁和麦田的转化　b）鱼和鸟的转化

图 3-2-33 展示了草间弥生的构成作品。她以精湛的技艺运用点元素，使得点成了她创造视觉幻觉的神奇工具。

图 3-2-33　构成作品（草间弥生作）

第三节　建筑装饰材料与肌理应用

肌理即物体表面的质地结构和表面特征。不同的材质以及经过各种人工处理的物体表面，都会形成独具特色的肌理。这些肌理能够给人们带来视觉与触觉上的双重感受，如光滑、粗糙或毛茸茸等。由此可见，肌理作为一种造型要素，具有极其丰富的表现力。

值得一提的是，每种材料都拥有独特的肌理特性。除了传统的材料外，现代装饰还非常注重开发新材料，并且设计师们对新材料表面的肌理特征给予了高度关注。新材料与新技术的应用不仅启发了设计师们的形象思维能力，还使得建筑装饰行业的需求得到了更好的满足。

一、材料的应用

材料的形体、色彩和肌理能够引发人们不同的心理感受。以昆虫的复眼为例，其重复且密集的弧面网格结构能反射出神奇的光芒，这种视觉效果往往使人产生厌恶和想要远离的心理反应，如图 3-3-1a 所示。某音乐厅的设计则巧妙地模拟了仿生形态，这种造型在特定的环境中散发出独特的魅力，吸引人们的目光，如图 3-3-1b 所示。

a）

b）

图 3-3-1　建筑装饰与仿生

a）昆虫的复眼　b）某音乐厅

材料来源广泛，既有自然形成的，也有人工制作的。在现代装饰领域中，人工制作的材料被越来越广泛地采用。

1. 自然材料

自然材料涵盖沙、石材、树叶、皮革以及木材等多种类型，这些材料天然具备独特的色彩和肌理，如图 3-3-2 所示。

2. 人工材料

人工材料种类繁多，包括但不限于砖、铸件、金属块和纤维板等。对于人工材料和自然材料，创作者要善于发现它们内在的构成规律，并恰当应用，以达到理想的视觉效果。例如，糖棕的枝叶以其独特的发射状生长方式展现了自然美（见图 3-3-3a），而现代数控技术加工出的工件则呈现出蜂窝式的构成美感（见图 3-3-3b）。再如

图 3–3–4 所示的某学校的建筑，其材料运用充分考虑了整体效果，虽然使用的都是普通材料，但通过有序的构成设计，营造出了一种清新、积极向上的舒适氛围。

a)

b)

图 3–3–2　自然材料

a）竹子　b）红土

a)

b)

图 3–3–3　材质构成对比

a）糖棕的枝叶　b）现代数控技术加工出的工件

a)

b)

图 3–3–4　某学校的建筑

a）教学楼的栏杆　b）校园

对材料进行精细加工，可以创造出全新的构成效果。运用诸如腐蚀、挖洞、扭曲、焊接、编织等综合工艺手法，能够塑造出多样化的形状并构建出层次丰富的空间感。例如，某花园的铁门（见图 3–3–5）经过精湛的金属加工工艺，呈现出一种甜美的视觉感受。再如，中国传统宅门的木雕艺术（见图 3–3–6）不仅体现了中国木艺的高超技艺，更将装饰性与实用性完美融合，展现出浑然一体的艺术效果。

a）

b）

图 3–3–5　某花园的铁门

a）铁门　b）铁门的局部

图 3–3–6　中国传统宅门的木雕艺术

二、制作肌理的方法

肌理主要可分为视觉肌理和触觉肌理两大类。视觉肌理是指可以通过眼睛直接观察到的肌理，如光滑大理石表面独特的纹理、精美玉雕呈现的光洁表面，以及蝴蝶翅膀上绚丽多彩的花纹等。而触觉肌理则需要通过触摸来感知，这类肌理通常具有浮雕般的凹凸感，如亚麻布上明显的经纬纹理、各类纸张表面的网格状纹理，或是油画布面上粗犷的笔触肌理等。以下是获得肌理效果的几种方法（见图 3–3–7 至图 3–3–12）：

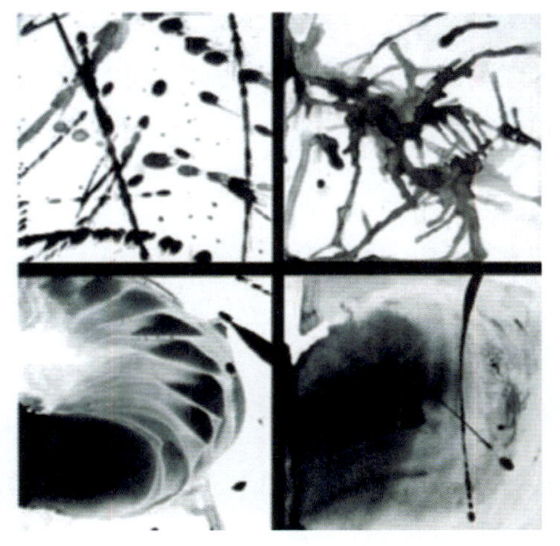
图 3-3-7　视觉肌理——染、绘、刮等手法 1

图 3-3-8　触觉肌理

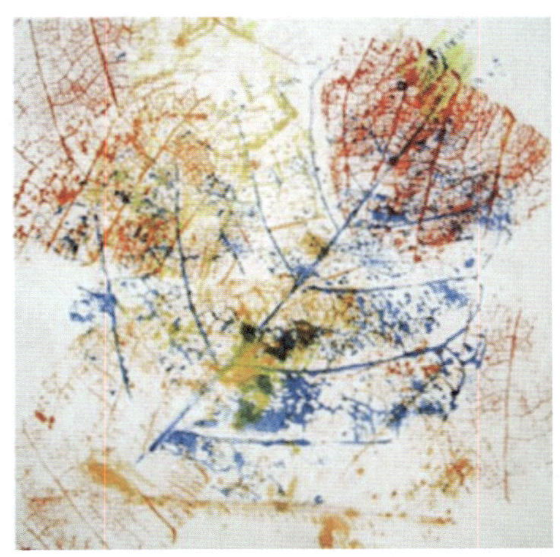
图 3-3-9　视觉肌理——实物拓印

图 3-3-10　视觉肌理——熏炙、拼贴图

图 3-3-11　视觉肌理——染、绘、刮等手法 2

图 3-3-12　视觉肌理——喷绘

1. 涂画

通过手工直接描绘，可以创作出规则或不规则的肌理效果。在描绘过程中，运用干湿程度各异的笔触，能够产生别具一格的视觉效果。

2. 拓印

利用不同的材质和油墨，可以制作出多样化的拓印效果。

3. 渍染

渍染技术可用于具有吸水性的表面和纸张，创造出独特的肌理效果。

4. 擦刮

用利器擦刮纸张的表面可获得肌理，如果结合颜色加工，视觉效果会更好。

5. 拼贴

采用带有图像的印刷品、照片以及纺织品，先进行剪割或撕裂处理，之后根据特定的规律骨格进行有序的拼贴操作，可以制作出多样化的肌理效果。

6. 其他方法

喷洒、粘贴、皱褶、敲打、穿孔、编织等方法都是改变材料肌理的有效途径。以吴冠中先生的作品为例，他巧妙地运用西洋画材，却成功地表现出了中国传统水墨画的韵味。在画作中，他通过涂画、渍染、擦刮等多种手法，精心制作了丰富的视觉肌理，展现了独特的艺术风格和精湛的技艺，如图 3-3-13 所示。

图 3-3-13　吴冠中先生的作品

三、肌理在建筑装饰中的应用

肌理涵盖了光泽、色彩、光洁度等多个方面，这些因素能够引发人们的不同感受。在建筑装饰领域，材料表面的纹理效果分为视觉肌理和触觉肌理两种类型，其中触觉肌理更注重于触感体验。建筑装饰行业高度重视肌理的运用，因为每种装饰材料都拥有独特的肌理特性。在实际应用中，需要从以下两个方面综合考虑：

1. 空间的使用功能

例如，在播音室、影剧院等对声音效果有特殊要求的空间中，可以选择采用具有特殊触觉肌理的材料进行装饰，如皮革或石纹墙漆等。又如，某机场大厅的设计也充

分考虑了肌理的应用。通过对天花板板材角度的精确调校，机场大厅成功地营造出了柔和而明亮的光线环境，如图 3-3-14 所示。

图 3-3-14　某机场大厅

2. 文化功能

建筑的品位在很大程度上决定了所选用装饰材料的肌理。常见的装饰材料包括木材、墙漆、铝合金以及石材等。

（1）国家游泳中心（见图 3-3-15）

这座又被称为“水立方”的建筑作为 2008 年北京奥运会的重要比赛场馆之一，承办了游泳、跳水以及花样游泳等多项赛事。“水立方”的建筑特色主要体现在以下几个方面：首先，其外观设计别具一格，以简洁大方的造型和蓝色的立方体外观脱颖而出；其次，它在建筑材料上进行了富有创意的探索，选用了新型的膜结构材料；最后，它还注重节能环保，整个建筑拥有出色的采光与通风效果。

图 3-3-15　国家游泳中心

（2）上海世博会西班牙国家馆（见图 3-3-16）

该馆是 2010 年上海世博会中面积最大的自建馆之一。其外观设计别具一格，以天然藤条编织成的藤板作为外墙材料，将这些藤板组合在一起，形成整体呈波浪式的独特造型，从远处望去，宛如一个篮子，极具视觉冲击力。

（3）国家大剧院（见图 3-3-17）

它采用巨大的玻璃幕墙设计，成功地营造出宽广的空间感，从而使人产生一种神圣庄严的感受。

图 3-3-16　上海世博会西班牙国家馆

图 3-3-17　国家大剧院

现代平面构成的视觉空间同时涵盖了空间与时间两大要素。在时间效应方面，它通过视觉元素的多样化变化，展现了一种全新的视觉魅力，类似于音乐的旋律与节奏。借助发射、扩散、密集、变异等多种设计手法，现代平面构成成功地营造出一种既富有变化又充满活力的空间意象美。此外，它不仅仅满足于平面的表现，还进一步深入探索了多变的空间效果。鉴于材料肌理的立体感，合理利用斜射的光线能显著提升肌理的视觉冲击力。因此，通过灵活调整装饰材料的布局和光源的入射角度，创作者可以创造出千变万化的视觉体验。值得一提的是，这一创新应用已成为近年来国际上流行的光构成领域的一部分。巴塞罗那的环境艺术便是其中一个生动的实例，如图 3–3–18 所示。

新的建筑材料与技术的涌现，成功地突破了传统建筑形式和构造的束缚。这一变革不仅彰显了构成的独特魅力，更为创作者展现了现代建筑空间设计的全新视野。草间弥生的点构成应用便是对这一新视野的生动诠释，如图 3–3–19 所示。

图 3–3–18　巴塞罗那的环境艺术

图 3–3–19　草间弥生的点构成应用

思考练习题

1. 构成的基本元素包括哪些内容?
2. 几何形状的骨格具体有哪些?请阐述它们各自的特点。
3. 简述骨格与几何纹之间的联系,并通过具体作品进行展示和说明。
4. 请根据构成的形式法则,完成以下作业。

序号	作业内容	要求
1	几何纹的基本形态设计	规格:20 cm × 20 cm
2	几何纹的聚变、位置变化和方向变化	规格:20 cm × 20 cm
3	几何纹的组合	规格:20 cm × 20 cm
4	对称形式的构成	规格:20 cm × 20 cm
5	重复形式的构成	规格:20 cm × 20 cm
6	近似形式的构成	规格:20 cm × 20 cm
7	密集形式的构成	规格:20 cm × 20 cm
8	扩散形式的构成	规格:20 cm × 20 cm
9	发射形式的构成	规格:20 cm × 20 cm
10	变异形式的构成	规格:20 cm × 20 cm
11	矛盾形式的构成	规格:10 cm × 10 cm
12	视觉形式的肌理制作(多种)	规格:10 cm × 10 cm
13	触觉形式的肌理制作(多种)	规格:10 cm × 10 cm
14	用带图像的印刷品拼贴成新的图形	规格:10 cm × 10 cm
15	用印刷字体做有规律的拼贴构成	规格:10 cm × 10 cm

第四章

立体构成

学习目标

了解空间形态分类；掌握线、面、体三者的组合变化规律；了解立体构成常用的材料和工具，掌握线、面、体的制作技能。

立体构成也称为空间构成，是运用具体材料，以视觉为基础，依据力学原理，按照一定的构成原则，将造型要素组合成富有美感的立体形态的方法。这一过程包含从分割到组合或从组合到分割的转换，并涵盖点、线、面、对称及肌理等元素。立体构成是专门研究空间立体形态的学科，同时深入探索立体造型各元素的构成规律。其主要任务是揭示立体造型的基本规律，并阐明立体设计的核心理念，这实际上是对实际空间和形体关系的深入研究。空间范围界定了人类活动与生存的世界，而空间又受限于其中的形体。为了在空间中实现个人创意，创作者需创造出恰当的形体。

立体构成广泛应用于建筑设计、景观设计、室内设计、工业造型、雕塑、广告等设计领域。除了平面上的图案与绘画艺术塑造形象与空间感之外，其他各类造型艺术均可归入立体艺术与立体造型设计的范畴。这些艺术的特点是通过实体占据和限定空间，与空间共同构成新的环境和视觉作品。

任何立体造型都由形态要素、机能要素和审美要素三个要素构成。形态要素指的是构成形态的必要元素，包括环境中的形（由点、线、面、体构成）、色、肌理、空间等；机能要素是指形态中组织机构所应具备的功能；审美要素则要求对各要素进行综合，以创造出完美的造型。

第一节 立体空间形态

形是构成各种形态不可或缺的元素，它不仅涵盖了物体的外形与相貌，同时也涉及物体的内部结构形式。尽管宇宙中的万物呈现出千变万化的形态，但所有这些形态的外形均可被解构为线、面、体等基本组成要素。

一、线

在立体构成中，线是指具有明确长度特征的材料实体，这类材料常被称作线材。利用线材构建出的立体形态通常称为线立体。根据材料的强度差异，线材可进一步细分为硬质线材与软质线材两种。在日常生活中，典型的硬质线材包括条状的木材、金属、塑料以及玻璃等；而软质线材则涵盖了毛、棉、丝、麻等天然纤维以及化纤，还有相对较软的金属丝等。图 4-1-1 至图 4-1-7 所示为这些材料在日常生活中的应用实例，以及在构成训练中所使用的相关材料。

在造型设计中，线有直观的线与非直观的线之分。直观的线存在于线状物、单一面的边缘等；而非直观的线则出现在两面的交界处、立体形的转折处以及两种颜色的交界处。当线沿特定轨迹运动时，便会形成面。

线在造型设计中的显著特点在于其能够表达长度和轮廓。在立体构成中，虽无严格几何学定义的线，但只要线的粗细在一定范围内，且相对于周边视觉元素能清晰展现连续性，并传达长度与轮廓的特征，便可将其视作线。线根据存在形态不同，可划分为积极的线和消极的线。积极的线指的是独立存在的线，例如绘画中的线条，或三维形态中的钢丝、绳索等实际存在的线材。消极的线则指平面边缘或立体棱边等非独立存在的线条。

a)

b)

c)

d)

图 4-1-1　线材在日常生活中的应用实例

图 4-1-2　易拉罐材料

图 4-1-3　吸管材料

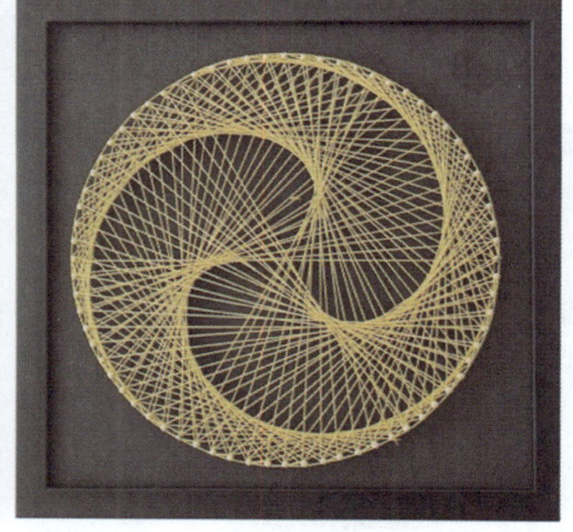

图 4-1-4　棉线材料

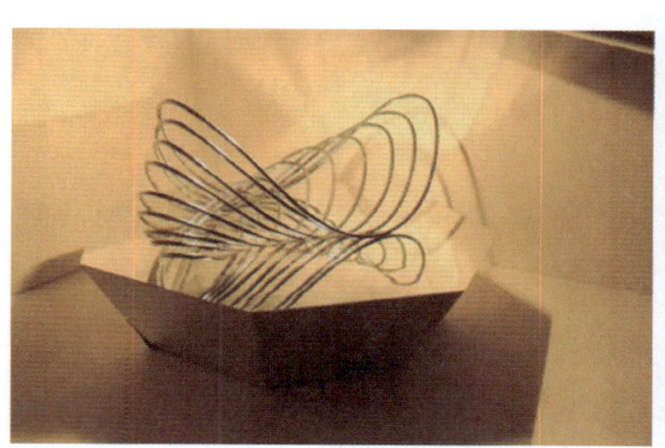

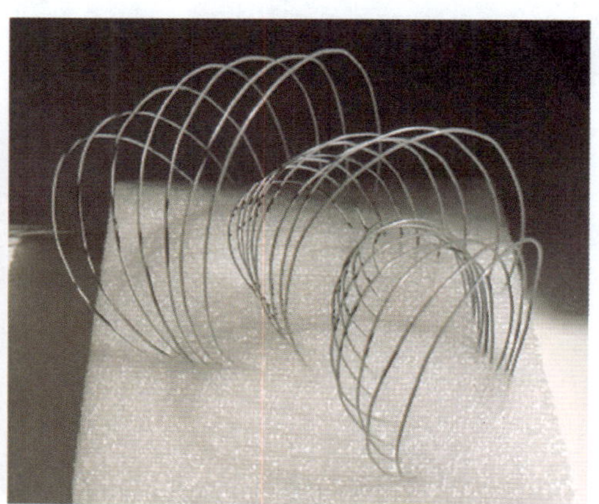

图 4-1-5　金属线材料

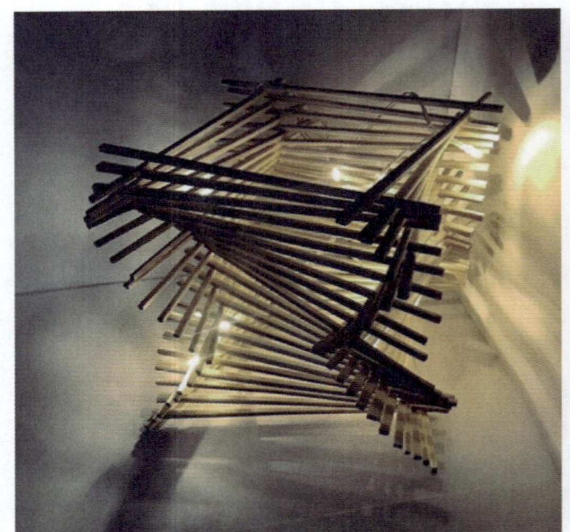

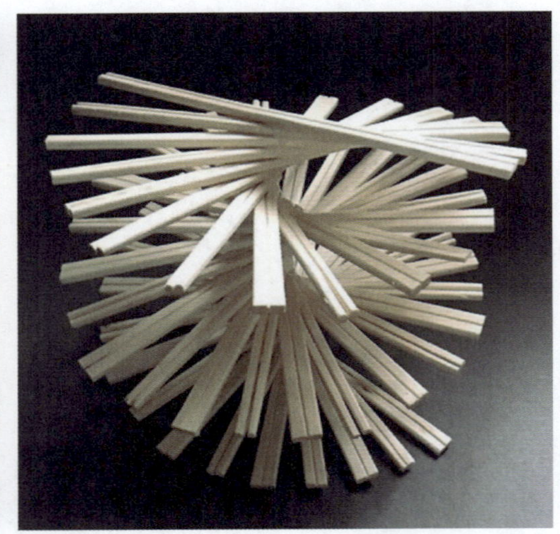

图 4–1–6　木质材料

图 4–1–7　纸质材料

线的粗细、曲直、光滑或粗糙等特质，都会给人们带来不同的心理感受。粗线条给人刚强有力的印象，细线条则显得纤小柔弱；直线条传达正直、刚强的气质，而曲线条则显得圆滑柔和；光滑的线条带给人细腻温柔的感觉，粗糙的线条则散发出粗犷古朴的气息。因此，选择不同类型的线对立体形态整体效果的表达具有显著影响。

线的构成手法多样，可以连接也可以不连接，可以重叠也可以交叉。根据线的特性，在粗细、曲直、角度、方向、间隔、距离等方面进行排列组合，能够创造出无穷的变化效果。

二、面

一扇门、纸箱的各个面、地面、桌面以及叶片，都为人们提供了对面这一形态的直观感受。在造型设计中，面主要用来表达“形”的概念，它是由长度和宽度两个维度构成的二维空间实体（尽管其可能具有一定的厚度，但这一厚度相对较小）。

与颜色理论中的三原色相似，面也可以归结为正方形、三角形和圆形三种基本形态。正方形传达出垂直与水平的稳定感，三角形强调角度与交叉的动态美，圆形则象征着曲线与循环的和谐。从这些基本形态中，可以衍生出长方形、多边形、椭圆形等多种复杂形态，它们都保留了这三种基本形态的特点。面的构成如图 4–1–8 所示。

在造型设计中，面可以划分为积极的面和消极的面。积极的面是通过线的密集排列、点的扩展、线宽的增加或体的分割界面自然形成的，这些面是实际存在的。相对而言，消极的面则是由点的集合、线的集合、线的交叉围绕或体的交叉构成的，它们不是独立存在的面。

在立体构成中，只要一个形态的厚度或高度与周围环境相比较，不显得过于实体化，那么它就可以被视为面的范畴。

面的构成具有多种方式。运用数学法则和定律所构成的形状，称为几何形。几何形给人以明确、理智和秩序的感觉，但若过度使用，可能会产生单调和生硬的感觉。与此不同，有机形的面则指的是那些无法通过几何方法精确获得的曲面，它们充满流动性和变化，同时遵循自然规律和秩序，从而带给人舒畅、和谐、自然、古朴的感受。在设计有机形时，需要综合考虑形状本身与外在力的相互关系，确保其存在的合理性。此外，不规则形代表了大自然中更为复杂的形态，与几何形形成鲜明对比。这种形状具有更多的人情味和温暖感，显得更为自然且充满个性。

三、体

在造型设计中，任何形态都可以被视作一个“体”。体具有三个基本形态，即球体、立方体和圆锥体。若从构成的视角进行分类，体又可分为半立体、点立体、线立体、面立体和块立体几个主要类型。具体而言，半立体是以平面为起点，将部分空间进行立体化处理的形态，如浮雕；点立体指的是以点的形态在空间中产生视觉凝聚力的形态，如灯泡、气球或珠子；线立体是通过线的形态在空间中展现长度的形态，如铁丝或竹签等；面立体是由平面形态在三维空间中构成的形态，如镜子或书本；块立体是以三维形态存在，具有明确重量和体积，且在空间中完全封闭的立体形态，如石块或建筑物。块立体的构成如图 4–1–9 所示。

图 4-1-8　面的构成

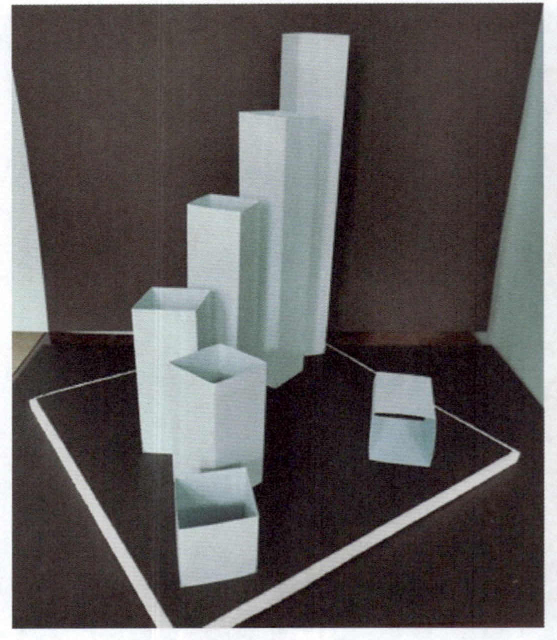

图 4-1-9　块立体的构成

第二节　立体构成制作

在立体构成的实际操作中，首先要做的是将视觉形态具体化为某种材料，这是造型得以实现的物质基础。材料的分类有多种方式：按材质划分，可分为木材、石材、金属、塑料、纸等；按来源划分，可分为自然材料和人工材料，前者如泥土、石块，后者如毛线、玻璃等；按物理性能划分，可分为塑性材料（如水泥）和弹性材料（如橡胶）等。

学习立体构成的核心在于创造崭新的形态。这要求学习者不仅要提升造型技巧，更要学会科学地分解形态，为其重新组合创造条件。立体构成的原理和思维方式为创作开辟了广阔的思路。这种创作的灵感往往源于自然与生活。学习者可以将复杂的形态简化为基本元素，如点（或块）、线（或条）、面（或板），这些元素都能在自然形态中找到原型。立体构成的学习不仅是对基本素质和技能的锤炼，更是艺术设计教学中的重要组成部分。它要求学习者在学习过程中，要用敏锐的眼睛去观察，用深刻的头脑去理解与构思，用灵巧的双手去表现。通过探索不同的视觉形态元素、成型材料、构造方式和造型法则，更深入地理解立体构成。这一过程对于培养学习者的观察力和想象力具有重要意义，同时也有助于学习者更好地领悟立体空间的形态美，掌握创造美的规律。

学习立体构成的基本要求和目的如下：

（1）扎实学好基础课程，向专业设计课程过渡。

（2）摆脱各种习惯性的造型（尤其是具象干扰）的影响，从一个全新的、自由的角度深入探讨和研究，以此培养和提升对事物的直观感受能力。

（3）掌握立体构成的思维方法，为设计提供广阔的构思思路和实施方案。同时，在对材料、结构、制作的认知过程中，接受严格的训练，严格遵循设计的基本法则，确保每件设计作品都能达到预期的效果。

一、案例 1：质朴的树枝灯罩（线立体）

运用最质朴的树枝制作一个由线构成的灯罩，如图 4-2-1 所示。

步骤 1：准备材料和工具，包括干树枝（包括主干、枝条和小枝）、美工刀、剪刀、胶水、纸板和照明系统。

步骤 2：准备树枝（见图 4-2-2）。尽可能多地收集树枝，若树枝尺寸相近则最为理想。否则，需将所有树枝裁剪至统一长度。先标记好所需长度，然后使用美工刀将树枝裁减至相应尺寸。

步骤 3：构建树枝框架（见图 4-2-3）。准备好所有树枝后，便可开始搭建框架。

每一个框需要使用 4 根树枝，在树枝相交处涂胶后，把枝条放在胶上粘好。所需框的数量取决于所需的灯罩高度。例如，若要制作一个高度为 20 cm 的灯罩，便需要搭建 10 个框架。

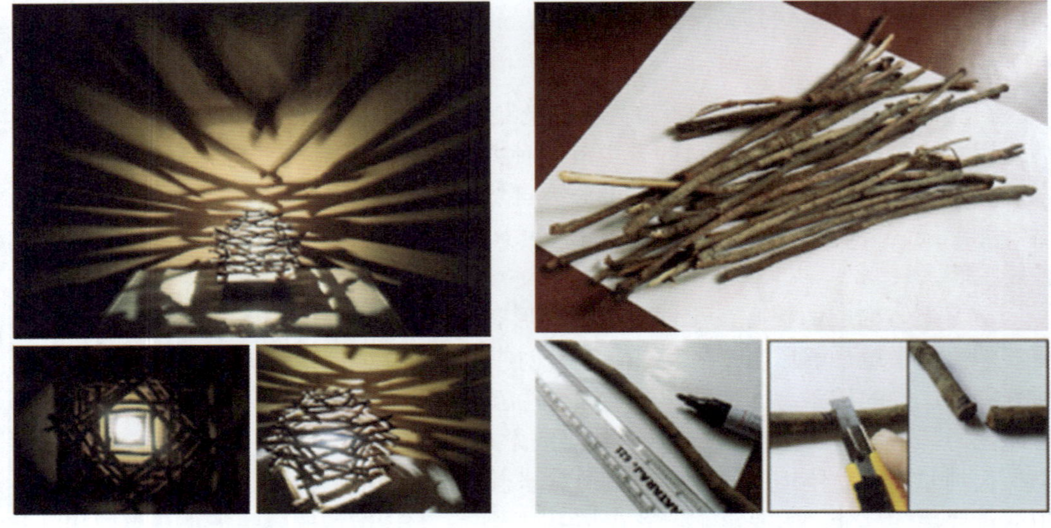

图 4-2-1　树枝灯罩效果图　　图 4-2-2　准备树枝

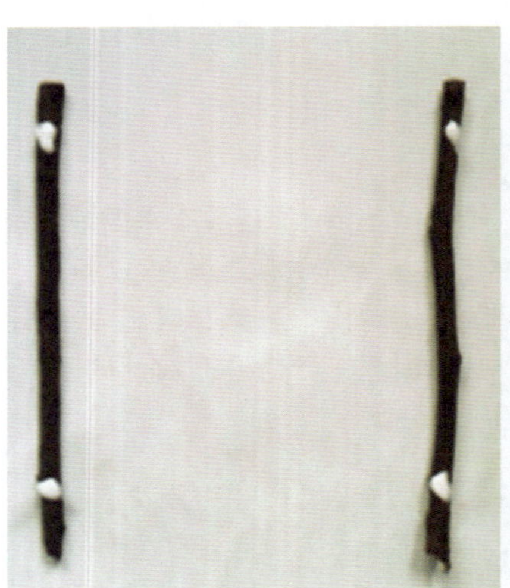

图 4-2-3　构建树枝框架

步骤 4：组装框架（见图 4-2-4）。等待胶水彻底干燥，确保框架足够稳固后，取另一个框架放置在第一个框架下方并旋转 45°，在两个框架的相交处涂抹胶水进行固定。接下来，以相同的方法将下面的框架逐一叠加起来。

步骤 5：制作渐小框架（见图 4-2-5）。根据需要制作更多的框架，但此时每个新框架的尺寸应略小于主框架，确保上面的每一个框架都比前一个框架小一些。最后进行封顶操作，完成后将整个灯罩放置在阴凉处，直至胶水完全干燥。

图 4-2-4　组装框架

图 4-2-5　制作渐小框架

步骤 6：安装照明系统（见图 4-2-6）。首先准备好所需材料，包括纸板、插头、电线、灯具、灯座、灯泡。在进行下一步之前，务必测试电线、插头与灯座的连接是否有效，确保照明系统能够正常运行。

图 4-2-6　安装照明系统

接下来，用纸板制作灯座。需要准备六块硬纸板，并确保灯座的尺寸大于树枝框架。在两块较大的方形硬纸板中央制作一个方形孔洞，以便将灯具放入其中。然后，使用胶水将这六块硬纸板黏合成一个完整的盒子形状，形成灯座。完成灯座制作后，将照明系统安装到灯座上。最后，将之前制作好的树枝灯罩放置在灯座上。至此，树枝灯罩的制作便全部完成，完成效果图如图 4–2–7 所示。

图 4–2–7　完成效果图

二、案例 2：四面体的分形模型

四面体的分形模型如图 4–2–8 所示。

步骤 1：准备材料和工具（见图 4–2–9），包括竹签、胶水、棉花钩针线（或其他细线）、丙烯酸漆（可选）、剪刀、美工刀、钳子、木材、油漆刷、装水的容器、尺、线、轴锯、箱锯（或其他切割设备）、胶纸、铅笔、大眼针、胶带。

图 4–2–8　四面体的分形模型

安全警示：在进行本项操作时，请务必注意尖锐、易碎及粗糙的物品，以免对手部、眼睛及身体其他部位造成伤害。

步骤 2：竹签的剖分处理（见图 4–2–10）。使用钳子稳固夹住竹签，然后用美工刀将其剖开，一分为二。进行这一步骤是为了使竹签的一面变得扁平，便于后续的粘贴操作。所需竹签的数量将依据四面体分形模型的预期大小和竹签的长度确定。

图 4–2–9 准备材料和工具

图 4–2–10 竹签的剖分处理

步骤 3：竹签的切断操作（见图 4–2–11）。在将所有需要的竹签一分为二之后，使用胶带将竹签紧紧包裹固定，然后标记出所需的长度，将竹签放置在锯机中切断。若条件有限，没有锯机设备，也可以选择使用刀具进行手动切割，但需要注意的是，这种方式所需的时间会相对较长。

步骤 4：制作模板（见图 4–2–12）。使用铅笔在胶纸上精确绘制出模板的轮廓，然后沿着绘制好的线条，仔细地剪出、切出模板的形状。

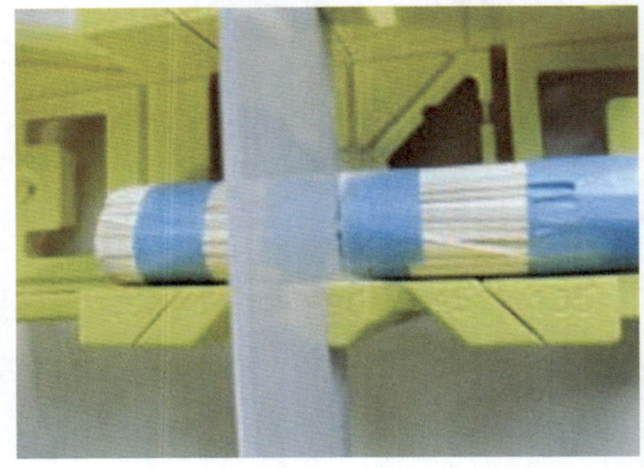

图 4-2-11　竹签的切断操作

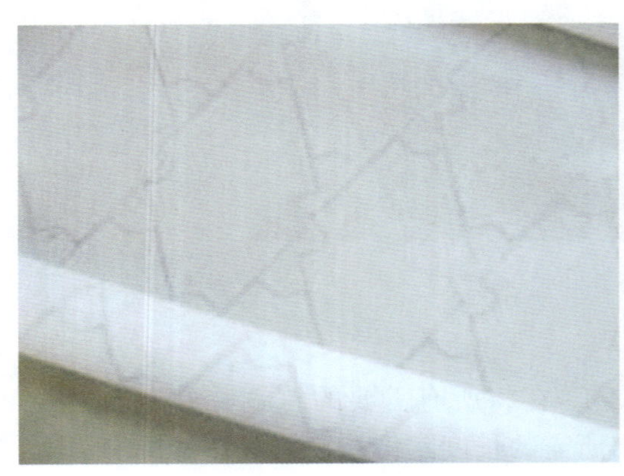

图 4-2-12　制作模板

步骤 5：粘贴竹签（见图 4-2-13）。首先，将剪好的胶纸模板平铺在工作台上。然后，取 5 根竹签，按照预定的位置精确地放置在胶纸上。最后，使用胶水将这些竹签牢固地粘贴在胶纸上。

步骤 6：线的固定操作（见图 4-2-14）。用线对每个角的竹签进行固定绑定，使它们紧密连接成一个整体，从而构建成立体模型。

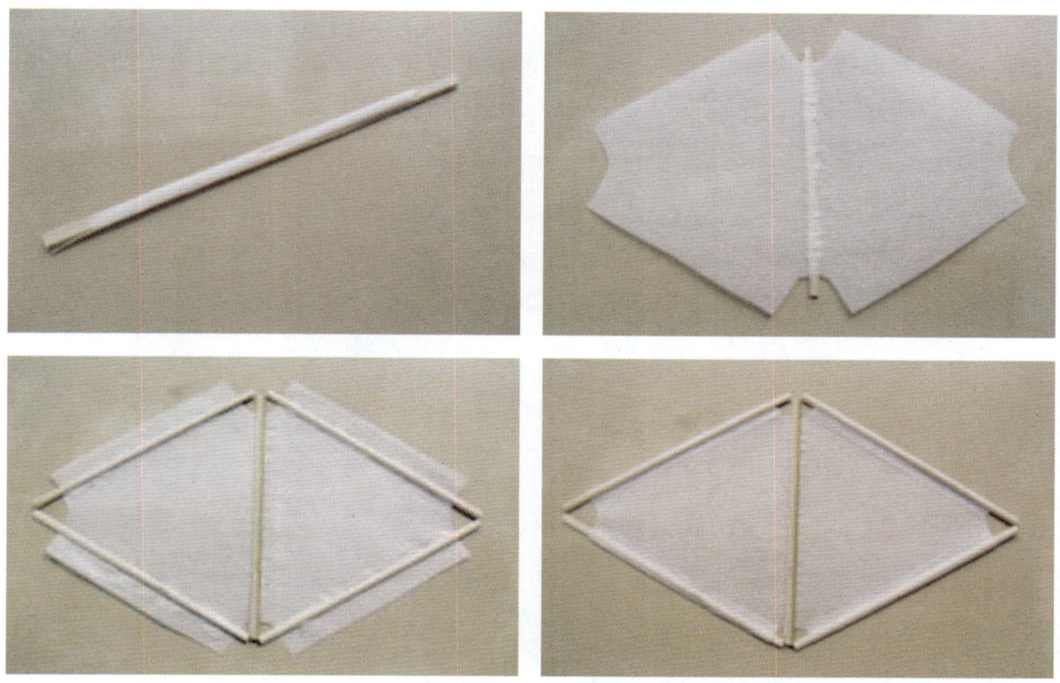

图 4-2-13　粘贴竹签

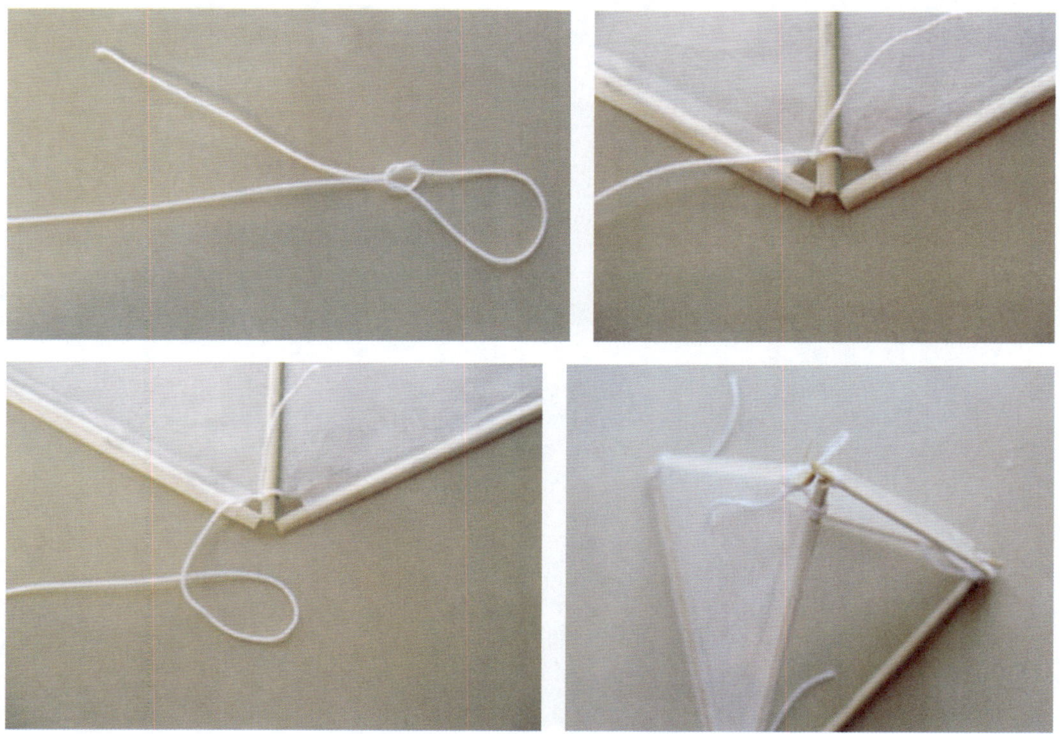

图 4-2-14　线的固定操作

步骤 7：上色与最终固定（见图 4-2-15）。首先，使用丙烯酸漆对胶纸进行上色处理，之后将制作好的模型按照金字塔的形状堆叠起来。接着，使用大头针穿上线，将各个模型部分牢固地连接并固定。最后，修剪掉多余的线材。

图 4-2-15　上色与最终固定

三、案例 3：十二面立体装饰模型（块立体）

如图 4–2–16 所示，此款十二面立体装饰模型可用于制作烛台。将小型蜡烛（优选 LED 蜡烛）置于其内部，能够反射出温暖柔和的光线。此外，该模型亦可作为适宜的灯罩或容器等使用。

a)

b)

图 4–2–16　烛台效果图

a）组合图　b）个体

安全警示：在使用锋利工具时，请务必小心谨慎，并采取适当的预防措施，保护手部和眼睛免受伤害。

步骤 1：准备材料和工具（见图 4–2–17），包括薄木材单板（确保能够透光）、厚的印刷纸或桑皮纸、胶水、剪刀、美工刀、切割垫、胶水刷、铅笔、蜡纸。此外，丙烯酸清漆为可选材料，可根据个人需求选择是否使用。

图 4–2–17　准备材料和工具

步骤 2：切割与粘贴五边形模板（见图 4–2–18、图 4–2–19）。首先，用纸打印出正五边形的模板（或者选择手动绘制），然后按照模板剪出正五边形的形状。接下来，从木材单板上切割出 10 块五边形模板，注意边缘要尽可能切割得均匀。同时，将纸剪切成 5 张。

将 10 块五边形模板粘贴到 5 张纸上（每张纸每面粘贴一块）：首先在一块五边形模板上涂抹一层胶水，然后小心地将其贴在纸上，再以相同的方式将另一块五边形模板也粘贴到纸上，以此类推，直至所有模板都粘贴完成。

图 4–2–18　切割五边形模板

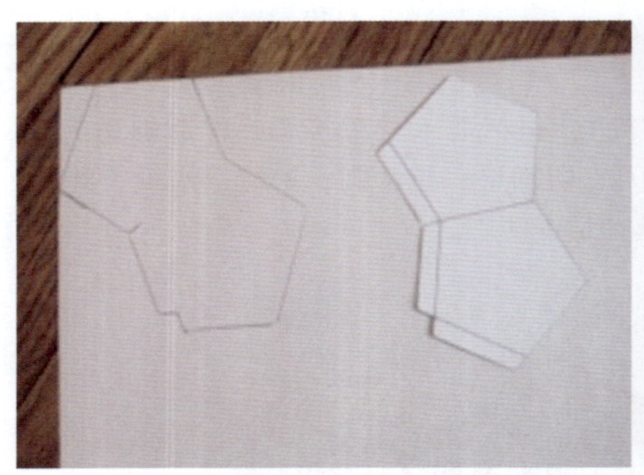

图 4–2–19　粘贴五边形模板

步骤 3：进行三维粘贴（见图 4–2–20）。将所有已粘贴好的木质部件放置在铺展开的蜡纸上，此举旨在防止各部件之间相互粘连。

在所有预留的边缘使用胶水，按照相对应的边进行粘贴（见图 4–2–21）。

步骤 4：后期整理，完成作品（见图 4–2–22）。完成模型的组装后，可以选择对整个模型或仅对其内部进行上漆处理。若要在内部涂抹，建议使用耐火的丙烯酸清漆，提升模型的安全性。

为了有效预防蜡烛罩发生燃烧，最佳的选择是采用 LED 光源。如果更偏爱真实的火焰效果，那么在使用蜡烛时，请务必确保其远离任何易燃物品。

图 4-2-20 进行三维粘贴

图 4-2-21 粘贴

图 4-2-22 后期整理，完成作品

四、案例 4：多彩柏拉图式立体模型（块立体）

采用彩色塑料箔作为材料，通过巧妙的制作，可以构建一个具有四面且每面颜色各异的多彩柏拉图式立体模型（见图 4-2-23）。经过一番精心加工，这件作品便能摇身一变，成为一件别致的室内装饰品。

图 4–2–23　多彩柏拉图式立体模型

步骤 1：准备材料和工具（见图 4–2–24），包括纸板、三角板、铅笔、剪刀、美工刀、切割垫、木胶胶液（纸张、铝箔通用工艺胶）、薄的塑料箔（黄色、品红色、青色）。

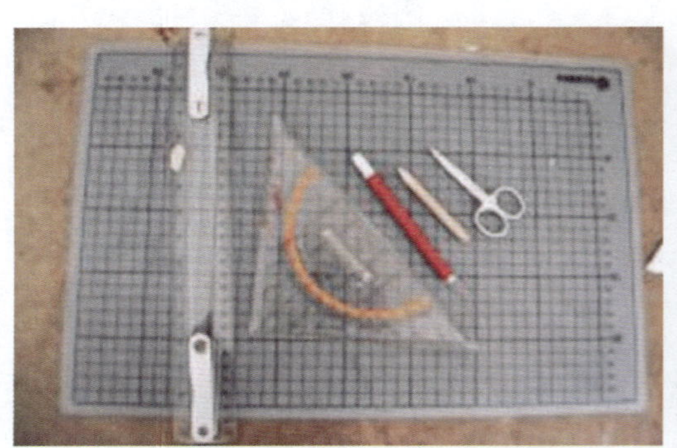

图 4–2–24　准备材料和工具

步骤 2：制作硬纸板模板（见图 4–2–25）。为了构建一个二十面体，需要准备 20 个等边三角形。首先，制作一个硬纸板模板，选择边长为 16 cm（尺寸可根据个人需求调整）的等边三角形作为基本形状。在纸板上精确绘制这个等边三角形，确保其三

个内角均为 60°。接下来，在这个大三角形内部再绘制一个小三角形，并将其切割出来，同时挖去内部的小三角形，形成所需的模板形状。

图 4-2-25 制作硬纸板模板

步骤 3：绘制与切割（见图 4-2-26、图 4-2-27）。首先，在纸上精确绘制出正二十面体的网格图形（或其他所需形状，可以参考网络上提供的模板进行绘制）。接下来，根据绘制好的模板图形，使用切割工具将模板上的所有三角形切割出来（包括胶片部分）。在切割过程中，需要注意保持三角形的完整性，不应将其单个分开。

步骤 4：贴纸与折叠（见图 4-2-28）。首先，使用小尖剪刀（配合尺子使用）在每个三角形的折叠线上轻轻划一下，注意不要完全割破，这样可以在折叠时避免产生皱褶。接下来，将彩色塑料箔剪成比三角形模板略小的形状，并粘贴在每个三角形纸板上。在粘贴过程中，应确保相邻的三角形使用不同的颜色，以获得更佳的视觉效果。

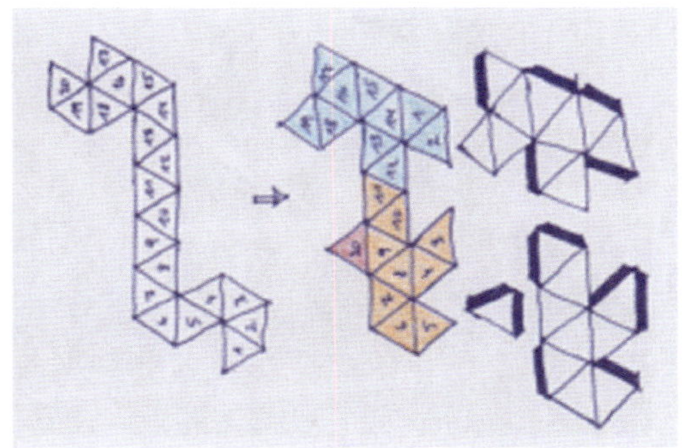

图 4-2-26 绘制

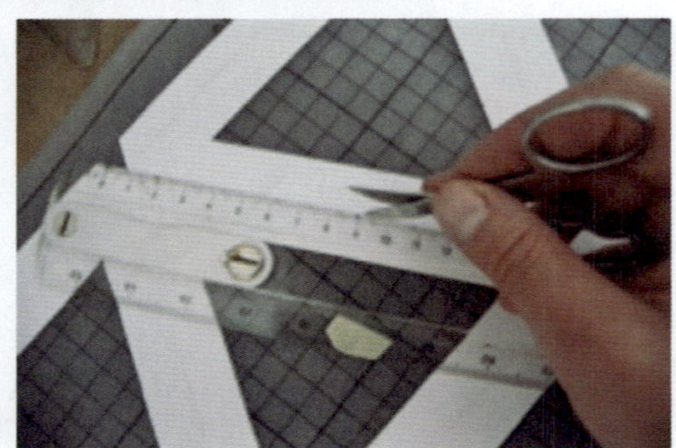

图 4-2-27　切割

图 4-2-28　贴纸与折叠

步骤 5：完成作品（见图 4–2–29）。采用白色线或尼龙线（肉眼几乎不可见），在模型的一个坚固角上，用针穿入并系上一个结实的结。将模型悬挂起来，当光线穿透模型时，可以观赏到紫青色、品红色、洋红色、橙色、青色和黄色等斑斓色彩，使得整个模型更加绚丽多彩。

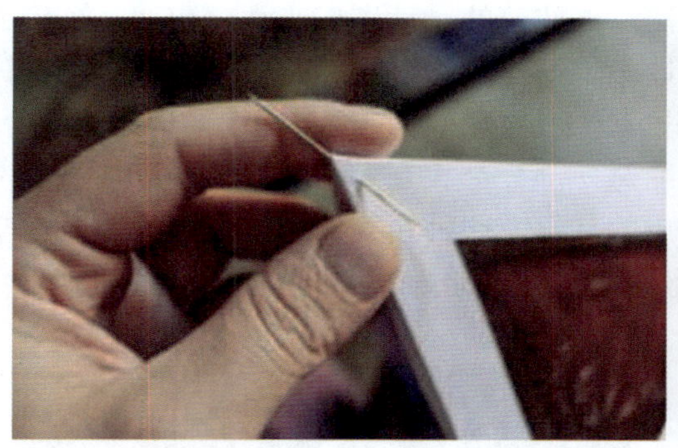

图 4–2–29 完成作品

第三节 现代建筑构成艺术应用

建筑设计作为一种对空间进行深入研究和巧妙运用的艺术形式，其核心在于解决空间问题。建筑师依据立体构成的组合原理，娴熟地运用重复、叠加、相交、切割等手法，精心塑造出建筑的独特形态。同时，通过将文化、环境、技术、材料、美学等多元因素融入其中，建筑设计得以形成丰富多样的风格与形式。这一领域不仅致力于满足人们对空间的实际需求和审美追求，更需全面考虑环境、技术、材料等多方面的限制和要求，因而具有极高的综合性。

在建筑设计的实践中，对空间的研究和运用占据了举足轻重的地位。其主要目标在于，利用各式建筑材料精确定义和塑造空间，从而创造出一个具体可感的物理空间。这个物理空间以几何形体为基础原型，通过重复并列、叠加、相交、切割、贯穿等一系列精湛的手法，将一种或多种几何形体有机地组合在一起，共同构建出符合人们期望的具体建筑空间形态。

立体构成的学习和训练，对于培养创造性思维，以及掌握立体造型的规律和方法具有不可替代的重要作用。深入研究和灵活运用立体空间，可以创造出丰富多样的几何形体，并巧妙地应用于实际的建筑设计中。值得一提的是，立体构成中的许多杰出造型，只需赋予其相应的实用功能，便能轻松转化为工业或建筑产品的设计造型。这种融合了实用功能的立体造型，能够更加贴切地满足人们的实际需求，从而显著提升设计的品质与水平。

回顾历史，人类始终依照某些简单的历史形态组织和建造房屋。建筑风格的演变和更新，与人类的生活方式、材料技术、文化背景、历史时期紧密相关。这些丰富的历史形态和材料技术，不仅为建筑风格的创新提供了有力的支撑，更从侧面反映了人类社会的不断进步与发展。

一、实例 1：国家体育场

如图 4-3-1 所示为北京 2008 年奥运会的主体育馆——被称为“鸟巢”的国家体育场，其设计精妙地运用了线式构成的手法。该建筑的设计别出心裁，宛如一个庞大的容器。建筑外观的起伏变化，不仅有效地减轻了建筑的沉重感，还为其增添了些许戏剧性和强烈的视觉冲击。“鸟巢”的外观设计堪称完美，其外观与建筑结构完美融合，立面与结构之间达成了和谐的统一。结构的每一部分都相互支撑，共同形成了一个网状的结构框架，就像是由树枝精心编织而成的鸟巢。这种独特的设计不仅为体育场空间注入了前所未有的创意，同时也保持了整体的简洁与优雅。

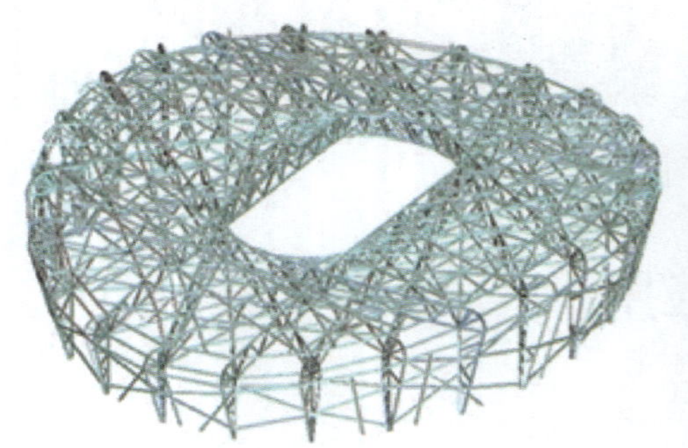

图 4-3-1　国家体育场

二、实例 2：哈尔滨大剧院

如图 4-3-2 所示，位于冰城哈尔滨的哈尔滨大剧院具有别具一格的双曲面外形设计。该建筑特色鲜明，具备大跨度、高空间及复杂钢结构等显著特点，且依水而建，将现代建筑的魅力展现得淋漓尽致。其外观以三维曲面造型呈现，施工难度极高，充分展现了立体构成中的空间与曲线元素。通过精妙运用曲线和曲面等几何元素，哈尔滨大剧院的外立面呈现出独特的曲线形态，使得整个建筑仿佛一件流动的艺术佳作，充满了浓郁的现代艺术气息。

哈尔滨大剧院的内部设计同样精彩纷呈，多岛式看台的流线形设计与建筑外观交相辉映，不仅营造出极具艺术感染力的整体空间氛围，更进一步提升了观众的观演体验。值得一提的是，这一巧妙设计在节能减排方面也发挥了不可忽视的积极作用。

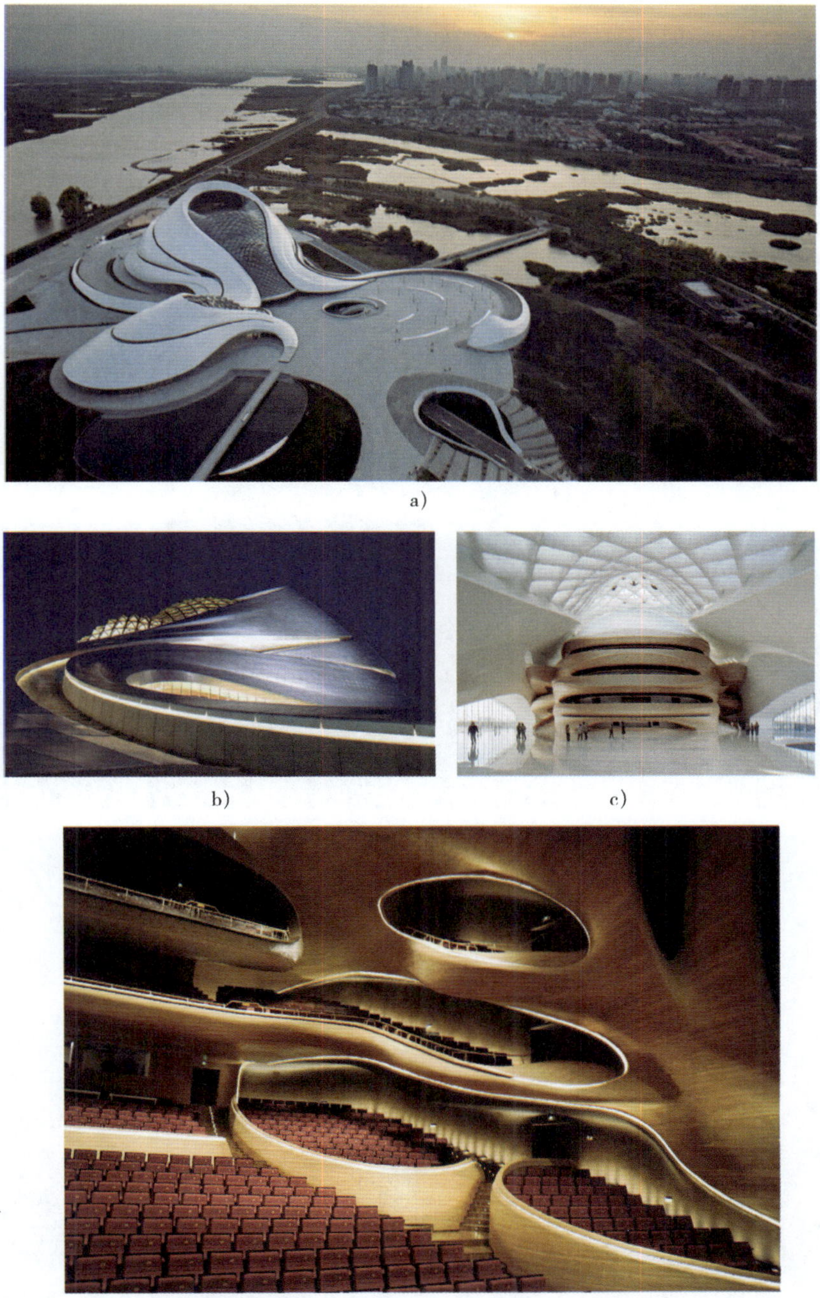

a）

b）　c）

d）

图 4-3-2　哈尔滨大剧院

a）外貌　b）夜景　c）内部大堂　d）看台

如今，哈尔滨大剧院已成为这座城市的标志性建筑之一，它完美诠释了哈尔滨作为文化名城的独特风情，吸引着全球各地的游客。这座建筑不仅彰显了哈尔滨深厚的文化底蕴，更被誉为中国建筑界的一大瑰宝。

三、实例 3：毕尔巴鄂古根海姆美术馆

如图 4-3-3 所示，位于西班牙北部毕尔巴鄂市的古根海姆美术馆已成为该市的标志性建筑之一。其外观设计独具匠心，通过运用破碎化和解体化的设计手法，创造出一种难以预测的视觉效果和有序的混乱感。这种精妙的设计通过对建筑元素的巧妙变形与位移，打破了传统建筑所固有的比例和关系，加剧了建筑元素之间的变形与移位，从而使得整个建筑充满了立体感和动态美感。

图 4-3-3　毕尔巴鄂古根海姆美术馆

在建筑材料的选择上，玻璃、钢和石灰岩的完美融合，以及部分表面所覆盖的钛金属，不仅为建筑增添了丰富的光影变化，更赋予了其深厚的立体感和独特的触感。从整体外观上看，该美术馆宛如一艘准备扬帆起航的巨轮，静静地停靠在河畔大桥之侧。这样的设计理念不仅让该美术馆在都市中显得别具一格，还与毕尔巴鄂市深厚的造船业传统产生了和谐的共鸣。这些别具一格的设计理念和技巧，共同为游客营造了一个充满立体感和动态美感的艺术欣赏空间。

立体构成原理在建筑领域中的应用相当广泛，事实上，立体构成已经深深地渗透到人们的日常生活中。这就要求创作者积极地研究和探索立体构成原理，持续发掘其潜在价值。

1. 从建筑、室内、景观、雕塑等作品中找出点、线、面、体四种形态的作品，分析其内涵。

2. 找出不同肌理材质在造型艺术表现中的应用（至少 5 种），分析其视觉和心理作用。

3. 根据形式美法则，制作 1 件线立体构成作品。要求材质不限（硬线材、软线材），作品形式美观，结构稳定，尺度在 400 mm × 400 mm × 400 mm 以内（纸质作业要求有不同角度照片 5 张，A3 排版）。

4. 用卡纸制作仿生半立体构成作品一张。要求有独创性，构图提炼概括。

5. 从柏拉图多面体或阿基米德多面体中任选其一，进行形体变异的构成设计（尺寸自定）。要求设计作品有创新性，构图均为自创设计，制作工艺精细，表现准确，结构稳定。